CHAMBRE DE COMMERCE DE CHERBOURG

DOCUMENTS

CONCERNANT

LES VOIES DE COMMUNICATION ÉTABLIES

Dans le département de la Manche

ET LE

CHEMIN DE FER STRATÉGIQUE

PROJETÉ

ENTRE BREST & CHERBOURG

CHERBOURG
IMPRIMERIE AUGUSTE MOUCHEL, PLACE DU CHATEAU
1866

DOCUMENTS

CONCERNANT

LES VOIES DE COMMUNICATION ÉTABLIES

Dans le département de la Manche

ET

LE CHEMIN DE FER STRATÉGIQUE PROJETÉ

ENTRE BREST ET CHERBOURG

Monsieur Eugène LIAIS, président, fait l'Exposé suivant :

MESSIEURS,

Les graves questions que soulèvent les tracés de chemins de fer dans le département de la Manche, ont été l'objet de nombreuses recherches faites par la Chambre de Commerce de Cherbourg. Son devoir, en effet, était d'indiquer au gouvernement de l'Empereur ses vues sur les travaux et sur les moyens d'accroître la prospérité de l'agriculture, du commerce et de l'industrie, si étroitement liée à ces nouvelles voies de communication.

Les erreurs commises anciennement dans le percement des routes aboutissant à Cherbourg, ont été de tout temps l'objet de plaintes et de vifs regrets de la part des habitants du pays. Les plus simples notions topographiques indiquaient qu'il était naturel de rechercher pour le percement de nos routes la direction des vallées si heureusement disposées, tant à l'est qu'à l'ouest de Cherbourg, pour sortir de la presqu'île.

Viabilité dans l'arrondissement de Cherbourg, avant et depuis l'exécution du chemin de fer.

Au lieu d'utiliser ces vallées pour l'assiette de la viabilité, on s'est malencontreusement ingénié à diriger les routes à travers les sommets des montagnes les plus escarpées, à ce point que, en venant visiter Cherbourg en 1811, Napoléon Ier en fut extraordinairement surpris, et, avec ce coup-d'œil qui ne le trompait jamais, l'Empereur dit aux personnes qui l'entouraient : « *L'ingénieur qui a* » *tracé ces routes aurait mérité être renvoyé sur les bancs.* »

L'Empereur qui, aujourd'hui, veille avec tant de sollicitude sur les destinées de la France, a dû acquérir la même conviction, lorsque, en 1850, il vint visiter le port de Cherbourg et les immenses travaux auxquels s'attachent le grand nom de sa famille et un intérêt vraiment national. Il a pu se convaincre par lui-même combien étaient justes et fondées les paroles de l'illustre chef de sa dynastie. Aussi est-ce avec la plus vive reconnaissance que la Chambre de Commerce recueillit de sa bouche, à cette époque mémorable, la promesse qu'un chemin de fer relierait Paris à Cherbourg. La réalisation de cette promesse ne s'est pas fait attendre.

Le 8 juillet 1852, un décret de l'Empereur Napoléon III est venu la sanctionner à la grande satisfaction du pays auquel était ainsi donné l'espérance de la vie commerciale.

Ce chemin de fer devait évidemment avoir pour objet de réparer les fautes commises dans le passé par la mauvaise direction des routes, fautes qui avaient été si préjudiciables au commerce et à l'agriculture de la contrée; tel avait été, du moins, le ferme espoir des populations. Cet espoir a été déçu, et bientôt on a vu, lors des études préparatoires et dans l'exécution des travaux du chemin de fer dans son parcours sur le département de la Manche, surgir les mêmes entraves et difficultés; cet état de choses, au lieu de se réparer, menace de se continuer dans l'étude et les projets du chemin de fer stratégique qui doit relier Cherbourg à Brest.

Il devient donc à propos, messieurs, de réunir tous les documents émanés de la Chambre de Commerce depuis 1855, afin de les mettre, de nouveau, sous les yeux des Ministres de l'Empereur et éclairer les autorités et représentants du pays, qui vont être appelés à décider du sort de l'arsenal et de la ville de Cherbourg.

RÉCLAMATION

Adressée le 4 juillet 1855, par les membres de la Chambre de Commerce de Cherbourg, sur l'étude du tracé du chemin de fer de Paris à Cherbourg, dans sa partie entre cette dernière ville et Valognes.

Les membres de la Chambre de Commerce de Cherbourg doivent aux intérêts qui leur sont confiés, d'appeler votre attention spéciale sur la direction donnée au chemin de fer de Paris à Cherbourg, dans la traverse de Valognes à cette dernière ville.

Aujourd'hui la distance entre Valognes et Cherbourg est de 20 kilomètres, et le tracé du chemin de fer projeté allongera cette distance de 10 kilomètres, à la grande surprise de tous les habitants du pays ! La direction projetée est diamétralement opposée à la rectification de la route impériale de Cherbourg à Paris, qui avait été arrêtée par le gouvernement il y a quelques années. Cette rectification, qui fut sur le point de s'exécuter, les plans et projets ayant été adoptés et la rectification votée par l'autorité compétente, avait pour but d'abréger la distance et de faire disparaître les pentes considérables qui existent sur la route impériale actuelle.

Avant 1770 la route de Cherbourg à Paris, dans le parcours jusqu'à Valognes, commençait dans la plaine de Tourlaville, à la Verrerie, et se dirigeait à l'est de la montagne du Roule, en suivant des plaines à peu près successives jusqu'à Valognes. Cette route est marquée sous la dénomination « ancien chemin de Cherbourg à Valognes, » sur la carte officielle de l'arrondissement de Cherbourg, dressée par M. Bitouzé-Dauxmesnil, géomètre en chef du département, sous les auspices de la préfecture de la Manche; elle était pour le moins aussi courte et infiniment plus douce que la route actuelle. Ce fut une faute des ingénieurs en 1770; au lieu de suivre cette ancienne route, d'en ouvrir une nouvelle à l'ouest de la montagne du Roule, gravissant des côtes pénibles que le bon sens de nos pères avait évitées.

Ce fut en constatant cette erreur que, depuis 1840, l'administration des ponts-et-chaussées revint à l'ancienne route en y introduisant des variantes. Le nouvau tracé abandonnait les terrains montueux et extrêmement accidentés qui existent à l'ouest de la montagne du Roule, mais ce projet, bien qu'adopté, n'a point été exécuté à cause du chemin de fer dont l'étude fut ordonnée.

Tout le monde croyait que le chemin de fer, pour lequel on recherche naturellement les vallées, se placerait sur le terrain qui venait d'être étudié comme rectification de la route actuelle et qui avait été préféré précisément parce qu'il réunissait les deux conditions les plus essentielles, la distance la plus courte et la disparition des pentes. Pourquoi, en effet, puisque les vallées de Tourlaville, du Mesnil et de Sauxmesnil, qui conduisent jusqu'à la plaine de Valognes, et qui venaient d'être préférées pour l'assiette de la nouvelle route impériale de Cherbourg à Valognes, ne l'ont-elles pas été pour l'établissement du chemin de fer ? Il est impossible de le comprendre.

On a adopté, au contraire, un système désastreux pour ce pays, déjà éloigné de Paris, et qu'on en éloigne encore par une direction capricieuse; la ligne du projet est le contre-pied de la rectification qui avait été arrêtée dans ces derniers temps pour la route impériale : cette rectification était à l'est de la route actuelle; elle était dans un pays plat, elle n'allongeait pas la distance, elle l'abrégeait même de 2 kilomètres. Au lieu de cela, le chemin de fer, suivant le projet, prend à l'ouest de la route actuelle de Cherbourg, après avoir traversé Sottevast et Brix, il arrive dans l'arrondissement de Cherbourg, où il fait une courbe très considérable en se dirigeant vers Sideville, le long de la ferme-école de Martinvast.

C'est ce parcours bizarre qui fait une grande partie de l'allongement. On pourrait se demander, en supposant que l'on dût placer le chemin de fer dans cette direction, si le crochet vers Sideville était nécessaire; on peut en douter. En effet, de Saint-Martin-le-Gréard on touche le chemin à Hardinvast, point rapproché de Cherbourg; il y a une vallée peu interrompue, et c'est particulièrement une colline rocheuse aux environs de la Loge qui a effrayé MM. les ingénieurs, parce qu'il eût fallu faire un petit tunnel. Il ne paraît pas cependant que la dépense de ce tunnel puisse être comparée à l'achat des terrains et aux dépenses d'établissement que nécessite une augmentation de voie aussi considérable que celle rendue nécessaire pour le circuit vers Sideville. Les travaux qui ont été faits pour l'établissement du chemin vicinal de Cherbourg à Saint-Martin-le-Gréard ont montré que les roches de la Loge sont friables et qu'elles ne peuvent se comparer au grès de la montagne du Roule. Une coupure directe de

Hardinvast à Cherbourg ne paraît donc pas impossible. Mais, il serait évidemment préférable d'en revenir simplement à la direction adoptée, pour rectifier la route impériale n° 13 de Cherbourg à Valognes, décrétée le 25 septembre 1848, d'après un tracé, fruit de longues études, et de placer le chemin de fer dans les vallées de Tourlaville, de Bruneval, etc., dont les terrains sont si bien appropriés à cette destination. Tel est le projet qu'il serait aussi juste que convenable d'adopter.

L'intérêt du commerce de Cherbourg est froissé au dernier point par le projet actuel. En effet, de Cherbourg à Paris, une différence d'environ 3 p. 0/0 existera perpétuellement sur les frais de transport; c'est une surcharge dont le pays se trouvera grevé et qui rendra cette ligne plus mauvaise au point de vue commercial. Notre éloignement de Paris est déjà un obstacle à la prospérité future du chemin de fer, mais une surcharge de 3 p. 0/0 sur tous les frais de transport augmente encore le mal au lieu de l'amoindrir.

A des distances plus rapprochées, la différence devient encore plus sensible. Ainsi, de Valognes à Cherbourg, les voyageurs et les marchandises auraient une différence d'environ 50 p. 0/0 à payer, les pierres calcaires, les chaux, qui, provenant de l'arrondissement de Valognes où cette richesse existe, sont journellement apportées dans l'arrondissement de Cherbourg qui en manque, subiront aussi une surcharge énorme, les tarifs étant en raison de la distance parcourue. Les transports de Caen sur Cherbourg, transports considérables, seront grevés de près de 10 p. 0/0 d'augmentation.

Les frais de transport subissant une telle augmentation, on cherchera à éviter le chemin de fer, au lieu de le rechercher avec empressement.

A l'égard de la comparaison du trafic qui pourrait se faire de l'un ou de l'autre côté, l'avantage présumé ne serait pas en faveur de la déviation projetée. En effet, si elle favorise quelques établissements et si elle met le chemin de fer à la portée de ceux qui se rencontrent sur la petite rivière Divette, ce trajet par Tourlaville, dans le voisinage de la belle rivière de Saire, est bien autrement favorable au succès du chemin de fer, puisque, outre les filatures importantes de Gonneville et du Vast, cette rivière est couverte de moulins et offre sur son cours un grand nombre de chutes inoccupées, que le voisinage d'un chemin de fer ferait promptement rechercher par l'industrie. Le territoire de Sauxmesnil possède aussi des richesses très considérables en minerai, que l'on exporte journellement de Cherbourg.

La question commerciale d'ailleurs doit être vue de plus haut et rien ne peut balancer l'inconvénient de grever à toujours une ligne ferrée de frais de transport qui diminuent sa valeur par cela même qu'ils ne peuvent que nuire à sa fréquentation.

Nous demandons avec instance de nouvelles études, qui seront dans l'intérêt de la compagnie aussi bien que du commerce. Le prolongement inutile de la route occasionne un surcroît de dépenses tellement considérable que l'abandon même des travaux faits auprès de Valognes ne serait pas à considérer, en supposant que ces travaux ne puissent, dans une certaine partie, profiter à la direction nouvelle.

Nous avons l'honneur d'être, etc.

Ont signé : Eugène LIAIS, — Victor MAUGER, — E. SELLIER, — LE JOLIS et POSTEL.

Tracé du chemin de fer entre Valognes et Cherbourg.

Le 26 février 1857, la Chambre de Commerce a adressé à M. le sous-préfet de Cherbourg, président de la commission d'enquête, et à M. le préfet de la Manche, pour être transmis à Son Exc. M. le ministre de l'agriculture, du commerce et des travaux publics, copie de la délibération suivante :

La Chambre de Commerce de Cherbourg, appelée à délibérer sur le tracé que doit suivre le chemin de fer de Paris à Cherbourg, dans l'étendue de sa circonscription, et désirant répondre aux enquêtes qui doivent avoir lieu à ce sujet, se livre à l'examen des motifs qui lui paraissent de nature à appeler l'attention du gouvernement sur le parcours trop étendu donné à la ligne du chemin de fer entre Valognes et Cherbourg.

Suit l'énoncé de ces motifs :

Quoique le tracé définitif du chemin de fer entre Valognes et Cherbourg, soit arrêté de fait, puisque, sauf quelques exceptions, les terrains à occuper sont acquis et que les terrassements s'exécutent partout, la Chambre de Commerce croit devoir, pour l'avenir des relations commerciales du pays, signaler au gouvernement le parcours de la ligne sur les communes de Couville, Sideville et Martinvast, parcours qui prolonge la ligne entre Valognes et Cherbourg de huit kilomètres. En effet, de Saint-Martin-le-Gréard où touche le chemin à Hardinvast, point très rapproché de Cherbourg, il y a une vallée peu interrompue, et c'est particulièrement une colline rocheuse aux environs de la Loge qui aurait arrêté MM. les ingénieurs, parce qu'il eût fallu faire un tunnel. Il paraît cependant hors de doute que la dépense de ce tunnel puisse être comparée à l'achat des terrains et aux dépenses d'établissement que nécessite une augmentation de voie aussi considérable que celle qui est rendue nécessaire par le circuit vers les communes précitées. Dans tous les cas, et quand il s'agit d'un travail aussi important, on doit l'exécuter sans s'arrêter à un léger accroissement de dépense. L'intérêt du commerce est notablement froissé par ce circuit; c'est une surcharge dont le pays se trouve grevé indéfiniment et qui rendra la ligne, entre Cherbourg, Valognes et le Cotentin, très mauvaise au point de vue commercial, puisque, par la route existante, le trajet entre Valognes et Cherbourg n'est que de 20 kilomètres, tandis que le parcours proposé en présente 28 à 30. Le commerce verra donc, par l'adoption de ce projet, les transports grevés indéfiniment de 30 à 40 pour 0/0, si l'on ne modifie pas le circuit par les communes de Couville, Sideville et Martinvast. La coupure directe de Hardinvast à Cherbourg, par un tunnel paraîtrait donc de toute utilité, et, si elle n'est faite présentement, l'avenir prouvera cette utilité; les travaux d'ailleurs qui ont été faits pour l'établissement du chemin vicinal de Cherbourg à Saint-Martin-le-Gréard, ont démontré que les roches de la Loge sont friables et ne peuvent se comparer au grès de la montagne du Roule.

La coupure de Hardinvast sur Cherbourg aurait eu aussi le grand avantage d'éviter deux passages dont l'un, à niveau, sur la route de Bricquebec, deviendra une cause permanente de dangers et d'embarras pour l'approvisionnement de Cherbourg, qui se trouve placé sur une presqu'île dont la production est insignifiante, ce qui oblige à tirer de Valognes et du Cotentin la subsistance d'une population agglomérée de plus de 50,000 âmes. Ajoutons aussi qu'une grande partie des matériaux nécessaires aux constructions publiques et particulières viennent du sud du département, d'où l'on doit conclure que si le circuit par les communes de Couville, Sideville et Martinvast présente des avantages à la compagnie, il est préjudiciable aux intérêts de l'État et du commerce, et contraire au but que le gouvernement s'est toujours proposé, de rapprocher Cherbourg de Paris.

Par les motifs qui précèdent, la Chambre, tout en hâtant de ses vœux l'exécution du chemin de fer, croit devoir appeler l'attention du gouvernement et de la commission d'enquête sur le parcours trop étendu donné à la ligne entre Valognes et Cherbourg.

OBSERVATIONS

Sur le Projet d'un Chemin de Fer ou Ligne côtière stratégique et commerciale, de Cherbourg à Brest.

Chemin stratégique de Cherbourg à Brest. Dans un rapport fait au Corps-Législatif par M. le baron Mercier, député, annexé au procès-verbal de la séance du 30 avril 1863, on lit ce qui suit (page 19), à l'occasion d'études à faire pour une ligne stratégique entre Cherbourg et Brest :

« Les deux termes extrêmes de cette jonction indiquent quel rôle ce chemin
» est appelé à jouer dans le système de protection de notre littoral; quelle force
» il ajouterait à nos deux grands ports militaires de l'ouest, en les rendant soli-
» daires l'un de l'autre, aussi bien pour le matériel d'armement que pour le
» personnel, en mettant en communication immédiate tous les petits ports de
» la côte.

» En réalité, cette ligne est aujourd'hui constituée à l'état de lacune, car elle
» n'est que l'achèvement de cette série de chemins qui forment une grande cein-
» ture autour de la France continentale et maritime, et spécialement des lignes
» de Nantes à Châteaulin et Landerneau, de Brest à Saint-Brieuc et de Cherbourg
» à Caen.

» La carte des chemins anglais présente une série de lignes entreprises dans
» des conditions et dans un système analogues et qui doivent nous éclairer sur
» les nécessités de notre position.

» A ce caractère éminemment national, la ligne de Cherbourg à Brest a la
» bonne fortune de joindre une très grande importance commerciale et agricole. »

Pénétrée de ces idées pratiques, la Chambre en a fait l'objet d'une délibération dans sa séance du 15 avril 1863, laquelle a été adressée à Son Excellence

Monsieur le Ministre de l'agriculture, du commerce et des travaux publics, ainsi qu'à Messieurs les Ministres de la marine et de la guerre.

Suit l'exposé de cette délibération :

Lorsque la Chambre de Commerce de Cherbourg eut, pour la première fois, à s'occuper de la question des grandes lignes de chemin de fer, qui devaient traverser la France, trois modes d'exécution étaient débattus dans les conseils du gouvernement : « L'exécution par l'entremise des compagnies ; l'exécution » mixte et par les compagnies et par l'Etat; enfin, l'exécution aux frais seuls de » l'Etat. »

On s'est demandé, dans le temps, quel est le but que se propose et que doit se proposer le gouvernement, en établissant de grandes lignes de chemins de fer : sans aucun doute, l'avantage stratégique du pays et celui du commerce. Ce but ne peut être atteint si le monopole des lignes est abandonné à des compagnies. Des publicistes, les autorités les plus graves et par les raisons les plus puissantes, ont établi que cela est impossible. Elles se résument dans cette double considération que les compagnies, comme cela est naturel d'ailleurs, recherchent uniquement leurs intérêts; qu'elles s'occupent exclusivement des combinaisons qui s'y rattachent et doivent leur rapporter le plus d'argent; que, pour atteindre ce résultat, elles froissent tout ce qui s'y oppose, tantôt en payant une compagnie rivale pour qu'elle ne transporte pas de marchandises; tantôt en abaissant à l'excès les tarifs pour faire disparaître une concurrence, et les relevant ensuite, outre mesure, lorsque l'obstacle est tombé.

Ces exemples ne sont point des faits d'imagination, mais des réalités accomplies. Ils doivent suffire pour apprendre au gouvernement et au commerce qu'ils ne doivent attendre rien que de spéculatif des compagnies.

L'expérience est venue depuis consacrer ces principes, en démontrant que le pays doit rester maître de ses tarifs et s'assurer, par ce moyen, sur ses voisins, les avantages de transit. C'est ce qu'a fait la Belgique.

Telle fut l'opinion de la Chambre de Commerce de Cherbourg, en 1844, lorsqu'elle s'est occupée, pour la première fois, de la question des chemins de fer. Elle semblait alors prévoir toutes les graves erreurs de tracés qui se sont pro-

2

duites ou exécutées dans sa circonscription : les arrondissements de Cherbourg et de Valognes.

Lorsqu'en 1855, la Chambre eut à s'occuper du tracé primitif qui avait été projeté par Martinvast, Baudretot, Sottevast et Valognes, elle exposa que la distance, entre Cherbourg et Valognes, qui était de vingt kilomètres, allait être allongée de dix kilomètres. Très grande fut alors la surprise des habitants du pays ! Une variante de parcours se produisit alors pour réduire cet excédant de distance à huit kilomètres, mais ce fut en faisant gravir la voie ferrée jusqu'à Couville, point le plus culminant du pays, ce qui obligea de donner aux pentes leur maximum, un peu dangereux, de un centimètre par mètre.

Cette direction du chemin de fer vers l'ouest, en sortant de Cherbourg, était diamétralement opposée à une rectification de la route impériale de Cherbourg à Valognes, qui avait été arrêtée par le gouvernement; cette rectification, qui fut sur le point de s'exécuter (les plans et projets ayant été adoptés et la rectification votée par l'autorité compétente), avait pour but d'abréger la distance comme de faire disparaître les pentes considérables qui existent sur la route impériale actuelle. Avant 1770, la route de Cherbourg à Valognes commençait dans la plaine de Tourlaville, à la Verrerie, et se dirigeait à l'est de la montagne du Roule, en suivant des plaines à peu près successives jusqu'à Valognes. Cette route est marquée sous la dénomination : « Ancien chemin de Cherbourg et Valognes, » sur la carte officielle de l'arrondissement de Cherbourg, dressée par M. Bitouzé-Dauxmesnil, géomètre en chef du département, sous les auspices de la préfecture de la Manche; cette route était pour le moins aussi courte et infiniment plus douce que celle actuelle. Ce fut une faute des ingénieurs, en 1770, au lieu de suivre cet ancien chemin, d'en ouvrir un nouveau à l'ouest de la montagne du Roule, gravissant des côtes pénibles que le bon sens de nos pères avait évitées. Ce fut en constatant cette erreur que, depuis 1840, l'administration des ponts-et-chaussées revint à l'ancienne route par les vallées de Sauxmesnil, en y introduisant des variantes ; mais ce projet, qui avait été adopté, n'a point été exécuté, à cause de la décision qui fut prise par le gouvernement, de construire une voie ferrée. Tout le monde croyait que le chemin de fer, pour lequel on recherche naturellement les vallées, se placerait sur le terrain qui venait d'être étudié comme rectification de la route actuelle, et qui avait été préféré précisément parce qu'il réunissait les deux conditions les plus essentielles : la distance la plus courte et la disposition des pentes. Pourquoi, en effet, puisque les vallées de Tourlaville, du Mesnil et de Sauxmesnil, qui conduisent jusqu'à la plaine de Valognes et qui venaient d'être préférées pour l'assiette de la nouvelle route impériale de Cherbourg à Valognes, ne l'ont-elles point été pour l'établissement du chemin de fer? C'est ce qu'il est difficile de s'expliquer. Car le tracé par Tourlaville, dans le voisinage de la belle rivière de Saire, eût été bien autrement favorable au succès d'un chemin de fer, puisque, outre les filatures importantes de Gonneville et du Vast, cette rivière est couverte de moulins et offre sur son cours un grand nombre de chutes inoccupées, que la proximité d'un chemin de fer eût fait rechercher par l'industrie. Le territoire de Sauxmesnil possède aussi des richesses considérables en minerai que l'on exporte journellement de Cherbourg, et le Val-de-Saire, en général, outre son industrie, est un pays de riche culture.

En se portant à l'est de Cherbourg, au lieu de se porter dans l'ouest, on se rapprochait beaucoup de Barfleur et de Saint-Vaast, ports de mer où il se fait des armements et une pêche très fructueuse. Ces villes eussent été promptement raccordées à la ligne principale et en auraient augmenté les produits. La ligne portée ainsi dans l'est, après avoir traversé les vallées aboutissant à Alleaume, jouxtant Valognes, d'où on pouvait poursuivre sur la gauche de la route impériale qui conduit à Carentan, au lieu de s'égarer sur la droite et de se jeter dans les marais d'Amfreville; imprudence qui a coûté tant d'argent à la compagnie et qui lui en coûtera encore beaucoup, en frais d'entretien des digues qui coupent en deux ces marais et ne permettent pas un facile écoulement des eaux !

Ces digues, suspendues sur un sol instable, ne sont pas non plus à l'abri des fortes inondations; on les a vues submergées et les communications interrompues. Rien ne dit qu'un jour le sol tourbeux des marais ne cédera pas sous le poids de la voie ferrée, qui pourra être emportée et détruite; ce fut une malheureuse idée que ce parcours de Cherbourg jusqu'à Carentan.

Je vous prie, Messieurs, d'excuser ce long historique du passé du chemin de fer, dans sa traversée sur les arrondissements de Cherbourg et de Valognes; il m'était impossible de ne pas vous retracer des fautes commises à la connaissance de tous et qu'il nous faut, pour l'avenir, tâcher d'éviter.

Le gouvernement a maintenant le projet de relier Cherbourg à Brest par une ligne stratégique, laquelle figure dans le quatrième réseau qui devra être soumis aux Chambres dans la session de 1864. La voie ferrée qui doit être établie dans ce but sera examinée, n'en doutons pas, avec l'attention que mérite ce grave sujet et abstraction faite de tout esprit de clocher.

Déjà des villes rivales dans notre département ont élevé la prétention dans les conseils généraux et conseils municipaux, de faire passer cette ligne stratégique par les confins de l'est du département, pour relier Cherbourg à Brest, en passant par Coutances, situé dans la partie la plus ouest du département de la Manche.

Ce sont ces projets qu'il appartient à la Chambre de Commerce de Cherbourg d'examiner avec soin, en donnant ses vues sur la ligne la plus convenable.

Un mot d'abord sur les prétentions de la ville de Saint-Lo, située à l'extrémité est du département et qu'on ne peut atteindre, par chemin de fer, qu'en passant sur le Calvados. Cette ville a pu, dans des temps reculés et loin de nous, mériter le titre de chef-lieu dont elle est décorée, mais qui, aujourd'hui, n'est plus suffisant pour faire graviter dans son orbite des ports maritimes dont l'importance est justement appréciée par le gouvernement, ni pour priver toute la partie des côtes ouest du département de la Manche d'une voie ferrée qui pourrait faire leur sécurité.

Il y aurait quelques raisons plausibles à l'appui d'un second projet, qui aurait notre approbation, s'il n'était possible de faire mieux. Le conseil municipal de Carentan, dans sa séance du 10 février 1863, l'a très lucidement établi. Ce projet consisterait à se servir de la ligne ferrée déjà existante entre Cherbourg et Carentan, pour relier cette dernière ville à Périers et à Coutances. A cette occasion, nous devons un juste tribut d'éloges à M. Ludé, maire de Cherbourg et son conseiller au département, pour avoir, tout en approuvant ce dernier projet, repoussé les longs et déplorables détours que veut imposer Saint-Lo à l'ouest du département de la Manche. Carentan, sans doute, méritait cette préférence : c'est un port naissant, et qui, en peu d'années, a pris un développement progressif assez considérable. Cette ville occupe une position commerciale exceptionnelle; un chenal profond présente maintenant un facile accès à son port; des canaux et des chemins de fer sillonnent son fertile territoire. Mais les avantages commerciaux déjà considérables dont jouit cette ville, ne sont pas, à notre avis, une raison déterminante pour priver ou rendre tributaire de cette position le nord et l'ouest du département, et c'est ce que nous allons essayer de prouver,

en nous plaçant au point de vue stratégique que le gouvernement doit, avant
tout autre, prendre en considération (1).

Lorsqu'il s'agit de raccorder deux grands arsenaux maritimes par une voie
ferrée, de hautes considérations nautiques, stratégiques et commerciales doivent
être examinées avec soin comme sans partialité.

Cherbourg et Brest, sous ces divers rapports, ont le plus grand intérêt à se
donner la main; ils sont d'ailleurs placés dans des conditions différentes : Cherbourg, situé sur l'extrémité d'une presqu'île avancée en mer, commande la Manche; cette situation l'expose nécessairement aux coups de l'ennemi; mais, d'un
autre côté, au point de vue nautique, elle lui donne de grands avantages. Une
carte marine sous les yeux, tout capitaine de navire, sans pratique des lieux,
peut, le jour comme la nuit, venir se mettre à l'abri dans sa rade qui, aujour-
d'hui, est un port pour la sécurité. Brest, au contraire, est un port d'intérieur,
défendu aussi bien par la nature que par l'art. Tout le monde connaît les dangers
des atterrages de sa rade qui, bien qu'accessible aux grands vaisseaux, n'en
offrent pas moins de graves périls dans les longues nuits d'hiver. De ces faits
connus de tous les marins, il résulte très fréquemment que les navires, destinés
pour Brest, viennent à Cherbourg, et l'on conçoit, dès lors, quel grand intérêt
l'on a de rattacher ces deux ports militaires par une voie ferrée en ligne la plus
courte possible. Le simple examen d'une carte géographique fait mieux connaître que la plus éloquente description, qu'il est nécessaire de suivre les côtes ouest
de la Manche. En jetant les yeux sur la carte qui précède cet exposé, on restera
convaincu que les tracés stratégiques existant sur le littoral anglais, entre Plymouth et Douvres, sont très habilement disposés pour la défense des côtes, tandis que sur le littoral français, depuis Brest jusqu'à Calais, nos ports restent
entièrement détachés les uns des autres. Dans l'ouest de la France, au contraire,

(1) Il a été aussi question dans ces derniers temps d'un projet de chemin de fer entre
Carteret et Carentan; ce projet est, dit-on, très sympathique aux populations des îles
anglaises, qui se proposeraient de contribuer à son exécution. Les renseignements statistiques qui suivent, comparés à ceux précédemment mis sous les yeux de la Chambre,
depuis l'ouverture du chemin de fer de Cherbourg à Paris, font voir, à ne pas s'y méprendre,
combien ce chemin de Carteret à Carentan, en ligne directe, serait menaçant pour Cherbourg et la presqu'île, qui se trouverait ainsi hermétiquement bloquée stratégiquement et
commercialement.

depuis Brest jusqu'à Bordeaux, cette excellente pensée de relier les ports maritimes entre eux par une ligne non interrompue n'a pas échappé aux ingénieurs
du gouvernement. Comment se fait-il que, pour les ports de la Manche, où la
défense est plus utile que partout ailleurs, on ait négligé de s'en occuper jusqu'ici? Cette belle ligne côtière de Brest à Bordeaux qui, d'après les projets arrêtés, ne peut manquer, dans un avenir prochain, d'être soudée sur plusieurs
points au chemin de fer qui reliera Brest à Cherbourg, cette ligne, disons-nous,
a préparé pour les ports de la Manche un puissant auxiliaire par la disposition
de son réseau qui mettra en communication directe l'arsenal de Cherbourg avec
ceux de Lorient et Rochefort, de telle sorte que nos quatre grands ports militaires
sur la Manche et l'Océan pourront se prêter un mutuel appui, secours immense
en cas de guerre.

Qu'une flotte ennemie vienne bombarder Cherbourg ou tenter une attaque
sérieuse sur les côtes avoisinantes, n'a-t-on pas le plus grand intérêt stratégique
à ne pas perdre une minute pour réclamer de Brest, Lorient ou Rochefort les
forces et le matériel nécessaires pour repousser l'ennemi, ces ports excluant
toute crainte par leur position géographique et leurs moyens naturels de défense
et pouvant dès lors, être dégarnis sans danger, à un moment donné, de leurs
excédants en approvisionnements de toute nature. Non seulement Cherbourg,
mais son littoral, a aussi besoin d'être protégé. En effet, n'en est-il pas d'un port
militaire comme d'une place forte située dans l'intérieur des terres? Ne doit-on
pas songer à des ouvrages avancés aux abords de cette place ou d'un vaste
arsenal?

Ainsi, qu'arriverait-il si l'Angleterre, qui fortifie les îles Anglo-Normandes d'une
façon inexpugnable, s'avisait d'y réunir des troupes de débarquement qui n'auraient qu'un pas à faire pour venir sur notre territoire, à quelques kilomètres de
Cherbourg?

A ces questions, la pensée se reporte naturellement au désastreux combat de
la Hougue, livré en 1692, dans lequel l'amiral de Tourville, après une lutte
acharnée, céda au nombre des ennemis et à l'obscurité de la nuit qui divisa sa
flotte; de manière que quinze de ses vaisseaux les plus maltraités se trouvèrent
réduits à se jeter dans les ports les plus proches, aimant mieux échouer que de
tomber au pouvoir des ennemis : trois de ces vaisseaux, le *Soleil-Royal*, de 120
canons, l'*Admirable* et le *Triomphant*, qui ne le cédaient guère en force au pre-

mier, s'échouèrent sur la grève de Cherbourg, où l'ennemi les voyant hors de prise, envoya des brûlots pour les détruire. Douze autres vaisseaux échouèrent sur les plages, dans les environs de la Hougue, où ils furent incendiés par les péniches et les brûlots ennemis. Or, si des secours prompts avaient pu être donnés, on aurait facilement repoussé les attaques des bâtiments légers qui venaient attacher la flamme aux flancs des vaisseaux; dans ce grand désastre on eût sauvé la vie à un grand nombre d'hommes qui périrent dans les explosions, et conservé des valeurs considérables de matériel qui furent la proie des flammes. Cherbourg a, dans tous les temps, donné de l'ombrage à nos voisins d'Outre-Manche. En 1758, les Anglais voyaient avec peine notre bassin terminé, les jetées Est et Ouest construites et par conséquent un lieu de sûreté pour nos navires du commerce; aussi cherchèrent-ils une occasion pour les détruire; ils débarquèrent à Urville et s'emparèrent facilement de la ville de Cherbourg, dépourvue de troupes régulières et dont les fortifications avaient été détruites. L'ennemi employa les huit jours pendant lesquels il resta dans la ville à détruire les travaux du port; il renversa les jetées, le bassin et son écluse; il voulut même faire sauter la vieille tour près l'église, lorsqu'on représenta au général anglais que l'explosion ébranlerait dans ses fondements l'édifice consacré au culte divin. La tour obtint donc merci, et les Anglais bornèrent leurs ravages à la destruction de trente-six navires qui étaient alors dans le port et le bassin et qu'ils détruisirent par la flamme. Ils emportèrent les armes, les canons de la milice bourgeoise, les cloches des églises, mais ils respectèrent les habitants et leurs propriétés. La perte totale résultant de cette descente des Anglais, fut estimée, dans le temps, à sept cent mille francs, ce qui représenterait, de nos jours, une somme bien autrement considérable. Cet affront fit regretter l'ancien château et les fortifications de Cherbourg, qui, avant leur démolition, avaient été si vaillamment défendus par les habitants réduits à leurs propres forces. Le combat de la Hougue démontra clairement que si la France voulait être puissance maritime, il lui fallait un abri dans la Manche comme elle en a un dans Toulon, sur la Méditerranée.

Louis XVI, imbu de ces idées, et dès le commencement de son règne, en 1774, avait fort à cœur l'établissement d'un port militaire à Cherbourg; il s'en occupa dans son conseil; mais la guerre d'Amérique qui survint bientôt fit suspendre l'exécution de ce grand et national projet; on le reprit dès que la paix qui termina cette guerre fut conclue; on mit de suite la main à l'œuvre pour construire un fort sur l'île Pelée et un autre sur la pointe du Hommet. On s'occupa aussi de la Digue qui présentait de grandes difficultés et demandait beaucoup de temps et d'argent. La Révolution qui vint bientôt troubler le repos de la France, arrêta les travaux que l'on se proposait de faire dans notre ville, et ce ne fut que sous le règne de Napoléon Ier qu'on reprit avec une grande énergie les travaux du port et de la rade, et cela sur un plan bien plus vaste qu'on ne se l'était proposé. On commença l'avant-port en 1808, les musoirs furent terminés et on y fit entrer l'eau le 27 août 1813. Il est à remarquer que les travaux de Cherbourg n'ont eu d'impulsion bien efficace que sous les gouvernements forts de l'esprit national et indépendants de la politique anglaise; il était réservé à Napoléon III de les compléter et de pouvoir ainsi partager l'empire des mers avec nos rivaux, qui sont maintenant familiarisés avec ce vieil adage: *Si vis pacem para bellum.*

Ces digressions historiques ne sont pas, nous le pensons, hors de propos quand il s'agit d'ajouter une force puissante à notre arsenal, poste maritime avancé, en y faisant aboutir une ligne côtière stratégique et commerciale, demandée au seul point de vue de l'intérêt général du pays.

D'après les considérations qui précèdent, la ligne stratégique la plus courte et par conséquent la plus convenable pour relier Cherbourg à Brest, serait celle qui, se rattachant au chemin de fer actuel, à la station de Couville, se dirigerait sur Coutances par la Haye-du-Puits et Lessay, et irait rejoindre la ligne de Saint-Brieuc à Brest, qui est en voie d'exécution. On ne manquera pas d'objecter à un semblable projet qu'il sera plus onéreux à mettre à exécution que ceux par Saint-Lo ou même Carentan, qui sont déjà reliés à Cherbourg par des voies ferrées. A cela l'on peut répondre que le parcours indiqué ci-dessus, de Couville à Coutances, en longeant la côte de l'ouest, obligera sans doute à la construction d'une voie ferrée d'une plus grande étendue, mais que, d'un autre côté, il faut prendre en considération et balancer l'excédant de chemin à construire avec les dépenses que nécessiteront les chemins de Saint-Lo à Regnéville, par Coutances, Carteret e tSaint-Vaast, par Chef-du-Pont, Périers et Lessay, dont l'administration départementale se préoccupe vivement, puisque des études sérieuses ont déjà été faites pour l'exécution de ces chemins, dont on sent l'absolue nécessité en l'absence d'u ne ligne côtière pour relier l'ouest du département de la Manche aux iluges déjà existantes dans l'est. Dans tous les cas, l'Etat saura très bien apprécier l'étendue du sacrifice, s'il en existe, pour contre-balancer la grande économie des distances, raison déterminante, car autrement, il greverait à perpétuité de lourdes charges, les approvisionnements des arsenaux de Cherbourg et Brest et aussi ceux des ports intermédiaires qui peuvent accidentellement être appelés à être utilisés pour le service de l'Etat, notamment Carteret, situé à 35 kilomètres des côtes anglaises, parfaitement disposé pour faire un port de refuge et qui pourrait devenir d'une grande utilité par sa proximité avec Cherbourg. Le département de la marine, le plus intéressé dans la question, reconnaîtra les immenses avantages que les deux arsenaux de Brest et de Cherbourg retireront du parcours abrégé que nous proposons de suivre, pour les mettre en communication avec les pays de production qui, aujourd'hui, les alimentent à grands frais, non seulement de toute espèce de céréales, mais encore de toutes les marchandises qui se rattachent aux constructions maritimes, notamment les bois de chêne courbants, provenant des haies et fossés de la Bretagne, dont l'essence durable est la plus estimée; ces bois doivent être transportés par de longs détours, des lieux d'exploitation à Granville, d'où ils sont dirigés sur Brest et Cherbourg. Le chemin de fer côtier existant, ils se trouveraient aux portes de ces arsenaux. Cherbourg, plus particulièrement, en raison de sa position géographique à l'extrémité d'une presqu'île étroite, ne peut suffire à la grande consommation de sa population de plus de 60,000 âmes, y compris les communes de sa banlieue. Le nord de cette presqu'île, excepté le Val-de-Saire, est généralement stérile, et ce n'est que vers Saint-Sauveur, la Haye-du-Puits, Périers et Coutances, que se trouvent sur une grande étendue les bonnes terres arables. Les marchés de la Haye-du-Puits, Périers et Lessay fournissent des céréales en grande abondance: ce sont les marchés qui, concurramment avec les ressources que présentent les côtes de la Bretagne, approvisionnent Cherbourg et son arsenal. L'abondance des céréales sur les marchés que nous venons de citer est telle qu'elle permet de fortes exportations qui ont lieu par les ports situés sur la mer, non loin de ces marchés. On exporte également des ports situés en face des îles Anglo-Normandes, de grandes quantités de moutons, porcs, volailles, œufs, pommes de terre, beurre frais et salé, fourrages, légumes, charbon de bois, etc.

Si un chemin de fer venait favoriser les importations et les exportations sur

3

cette côte; le commerce de production s'accroîtrait notablement, car les îles anglaises riches et peuplées ne peuvent, dans leur rayon, suffire à leurs besoins.

Plus on approfondit l'étude de cette ligne, plus il est impossible de ne pas reconnaître combien les tracés existants dans notre presqu'île sont contraire à l'intérêt de la défense de l'arsenal de Cherbourg et aux voies et moyens nécessaires pour son approvisionnement. Il est, dès lors, important de prémunir le gouvernement contre les nouvelles tentatives de villes rivales qui veulent renchérir sur les déviations déjà existantes entre Cherbourg et Valognes, les augmenter d'une manière extrême et des plus onéreuses entre cette dernière ville et Coutances, en suivant la ligne courbe à l'excès au lieu de la ligne droite. On se refuse à penser que le gouvernement autorise des projets de rayonnement pour le chef-lieu, aujourd'hui que la vapeur et la télégraphie ont fait disparaître tous les embarras des distances; le coûteux embranchement (1), tel qu'il existe sur la ligne de Paris à Cherbourg, doit suffire pour Saint-Lo, ville sans importance commerciale ou industrielle. Quant au parcours du chemin de fer de Cherbourg à Brest, par Carentan, Périers et Coutances, il y a, sans aucun doute, infiniment mieux à réaliser, et il est de notre devoir, Messieurs, d'exposer au gouvernement nos appréciations sur les véritables intérêts du pays, en indiquant les avantages réels qu'il y aurait à suivre une ligne droite passant par Couville, la Haye-du-Puits, Lessay, etc., jusqu'à Coutances.

Enfin, quant aux erreurs commises sur le chemin de fer déjà existant, il serait urgent et équitable de les rectifier, autant que possible, et pour le moins, de réparer le préjudice que cause au commerce et aux voyageurs les allongements de parcours, tels que celui qui existe entre Cherbourg et Valognes, en accordant des tarifs d'application en ligne droite.

Chemin de fer stratégique de Cherbourg à Brest.
—
Enquête ouverte à ce sujet.

Dans la séance du 1er juillet 1865, M. le président donne communication d'une lettre de M. le préfet de la Manche, en date du 20 juin 1865, laquelle accompagnait l'annonce de l'enquête ouverte sur le chemin de fer stratégique de Cherbourg à Brest.

(1) Le gouvernement a alloué un secours de 2,000,000 de francs pour cette voie.

Voici la délibération de la Chambre à ce sujet :

L'ordre du jour indiqué par lettre de convocation spéciale, appelle la délibération sur l'enquête ouverte à l'occasion des avant-projets du chemin de fer, dans la traverse du département de la Manche, pour relier Cherbourg à Brest par un chemin de fer ou ligne côtière stratégique.

Communication est donnée d'une lettre de M. le préfet de la Manche, en date du 20 juin dernier, qui accompagnait l'annonce de l'enquête ouverte sur le chemin de fer stratégique de Cherbourg à Brest.

La Chambre doit d'abord exprimer le profond étonnement dont elle a été saisie, en voyant la manière dont la commission d'enquête a été composée. Cinq arrondissements sont intéressés dans la question. Il semblerait naturel que chacun d'eux eût un nombre égal de représentants dans cette commission, et que si le nombre total ne permettait pas une égalité absolue, la balance fût en faveur de celui qui offre le plus grand intérêt. Ainsi, la commission étant composée de onze membres, chaque arrondissement aurait dû en avoir deux, et le onzième eût été attribué à celui qui réunit les intérêts les plus grands, ceux du commerce, de la marine et de la guerre. Le contraire a eu lieu : Cherbourg n'a aucun représentant dans la commission, et Valognes n'en a qu'un seul.

L'étonnement redouble quand on lit dans l'arrêté l'article qui ouvre des registres destinés à recevoir les dépositions de l'enquête dans les arrondissements de Saint-Lo, Avranches et Coutances, et qui en excepte Valognes et Cherbourg. S'il est vrai de dire qu'une disposition réglementaire exige l'ouverture de ces registres seulement dans les arrondissements traversés, on peut dire également qu'elle n'en exclut pas les autres, et que l'esprit de la loi indiquait au moins l'extension de cette mesure à tous les arrondissements intéressés.

La Chambre de Commerce de Cherbourg est appelée à donner son avis, mais comment pourra-t-elle le faire convenablement et d'une manière complète, si, comme les autres chefs-lieux, elle n'a le moyen de recueillir les opinions que l'enquête a précisément pour but de faire connaître, et que l'éloignement des registres empêchera de se produire ?

Comment la commisssion d'enquête pourra-t-elle éclairer elle-même ses délibérations en l'absence des lumières qui doivent lui venir du point le plus intéressé ?

L'intérêt de l'Etat, en temps de paix comme en temps de guerre, et bien plus encore dans ce dernier cas, est de faire arriver les approvisionnements de la marine et de la guerre, avec le moins de frais et la plus grande vitesse possible. C'est de la Bretagne particulièrement que nous viennent les approvisionnements nécessaires en denrées d'alimentation pour une population de 60,000 âmes, située à l'extrémité de la presqu'île. Le trajet en zig-zag, par Saint-Lo et Coutances, imposerait à l'Etat une augmentation de parcours et des frais considérables dont il serait grevé à perpétuité.

Il ne faut pas perdre de vue qu'ici, le principal intérêt est tout dans la question stratégique. La commission d'enquête, pas plus que la Chambre de Commerce, ne sera compétente pour traiter cette question; cependant, cette dernière est peut-être mieux placée pour pressentir ce qui pourra avoir lieu et pour indiquer au moins quelques idées à ce sujet; elle vit au milieu des personnes de la marine et de la guerre, qui seront appelées à donner un avis spécial et prépondérant sur cette question, et elle croit pouvoir avancer que, selon toutes les probabilités, la ligne la plus directe et se rapprochant le plus de la côte Ouest du département, sera considérée comme réunissant les meilleures conditions stratégiques. L'exemple de nos voisins d'outre-Manche et les précédents qui existent en France, sont de nature à confirmer cette opinion.

La Chambre de Commerce n'ayant reçu aucune communication des pièces de l'avant-projet du chemin de fer de Cherbourg à Brest, ne peut formuler d'avis sur le fonds, ainsi que le demande la lettre de M. le préfet, du 20 juin, et, dès lors, dans les circonstances où elle est placée, elle ne peut que joindre les motifs sommaires qui précèdent, à ceux beaucoup plus nombreux qui ont été développés dans sa délibération du 15 avril 1863, à laquelle elle se réfère et dont une copie est ici annexée.

Conformément à cette délibération et aux motifs qui viennent d'être exposés, la Chambre persiste à demander la ligne partant de Couville et passant par Saint-Sauveur-le-Vicomte, la Haye-du-Puits et un point intermédiaire entre Lessay et Périers, se dirigeant en droite ligne sur Coutances.

Dans sa séance du 17 novembre 1863, la Chambre de Commerce a donné son approbation à une lettre adressée à Son Excellence Monsieur le Ministre de l'agriculture, du commerce et des travaux publics, ayant pour but de demander l'étude, sur le parcours du chemin de fer stratégique de Brest à Cherbourg, d'un tracé en ligne droite partant de Couville jusqu'à Coutances.

Chemin de fer stratégique de Cherbourg à Brest.

—

Nécessité d'études pour un tracé partant de Couville et se rendant en ligne directe à Coutances.

Suit la teneur de cette lettre :

Monsieur le Ministre,

La Chambre de Commerce de Cherbourg a eu l'honneur de vous soumettre de nombreuses considérations sur les avantages réels qu'il y aurait à suivre une ligne droite passant par Couville, la Haye-du-Puits, Lessay, etc., jusqu'à Coutances, dans l'exécution du chemin de fer stratégique qui doit relier l'arsenal de Cherbourg à celui de Brest. Ces considérations sont consignées dans les délibérations de la Chambre des 15 avril 1863 et 1er juillet 1863, qui vous ont été adressées, ainsi qu'à Messieurs les Ministres de la marine et de la guerre (1).

Nous prenons d'abord la liberté de vous remémorer, Monsieur le Ministre, notre délibération du 1er juillet dernier, citée ci-dessus, vous signalant la manière dont était composée la commission d'enquête qui s'est réunie à Saint-Lo, ainsi que les circonstances qui nous ont empêchés de faire entendre convenablement notre voix à cette enquête. Nous n'avons pu obtenir depuis aucunes explications ni communications de documents sur les avant-projets du tracé dans le département; ce sera notre excuse près de Votre Excellence, pour l'insuffisance de nos explications techniques sur cet important sujet.

Il est venu tardivement à notre connaissance que les villes de Saint-Malo et Granville n'ayant pu obtenir que le tracé de l'avant-projet se détournât pour passer à leurs portes, ont obtenu qu'on étudiât, dans ce but, des rectifications qu'elles proposent à cet avant-projet; c'est ce que nous venons pareillement solliciter de vous, dans l'intérêt général du pays, au double point de vue stratégique et commercial.

(1) La délibération du 15 avril 1863 se trouve dans le compte-rendu de ladite année, pages 5 à 14, celle du 1er juillet 1863 est insérée à la page 36.

Nous bornerons notre examen critique du tracé de l'avant-projet à la ligne qui a été décrite en zig-zag de Coutances par Saint-Lo, pour arriver à Cherbourg; nous allons donc sommairement nous occuper de cette ligne qui, en partant de Coutances traverse des coteaux élevés et le département de la Manche de l'ouest à l'est, dans presque toute sa largeur, pour aboutir à Saint-Lo, et de là se porter sur Lison (Calvados), imposant à la fois et un immense détour, un changement de voie et tous les inconvénients de deux lignes qui se soudent et se croisent.

Il y a aussi un inconvénient qui se présente fréquemment et périodiquement, c'est la submersion complète de la voie qui traverse les marais, entre Montebourg et Carentan; ces marais, dès que les pluies d'hiver surviennent, se couvrent d'eau, et il en résulte que la marche des trains doit être ralentie et observée avec les plus grandes précautions; il s'en suit des retards fâcheux de plusieurs heures dans l'arrivée des trains à Cherbourg : on a même vu déjà, pour cette cause, les communications interrompues. Or, c'est là un fait qui peut entraîner les plus graves conséquences, et l'on doit tout faire pour tâcher de l'éviter, particulièrement quand il s'agit d'une ligne stratégique que l'on pourrait même inonder à volonté, en coupant les digues qui retiennent la mer à Carentan. Puis le tracé de Coutances par Saint-Lo, Lison, jusqu'à Cherbourg, exige un parcours de 125 kilomètres, dont 30 à construire, mais toutefois au moyen d'énormes frais de construction, en raison des accidents de terrain dont le pays intermédiaire est hérissé (1).

(1) Dans le cahier des charges imposé à la compagnie du chemin de fer entre Caen et Cherbourg, il est stipulé que les travaux d'art seront exécutés pour deux voies; mais que les terrassements seront préparés et les rails posés pour une voie seulement.

Il n'est pas douteux qu'une seule voie suffira longtemps à la satisfaction des besoins entre Cherbourg, Lison et Saint-Lo; mais si l'on venait à emprunter cette ligne pour le chemin de fer stratégique de Cherbourg à Brest, la construction immédiate d'une seconde voie deviendrait absolument nécessaire entre le point d'emprunt et Cherbourg, car il n'est pas possible d'admettre que les deux lignes de Cherbourg à Paris et de Cherbourg à Brest, n'aient qu'une seule voie sur leur tronc commun; s'il en était autrement, il résulterait de la jonction de ces deux lignes, entre leur point de réunion et Cherbourg, un tel encombrement que la circulation deviendrait, sinon impossible, au moins dangereuse et en tout cas très lente. Il devra donc être tenu compte, dans l'évaluation des dépenses ou du coût des divers tracés en projets, autres que celui direct de Couville à Coutances, pour faire entre eux une équitable comparaison des frais d'établissement d'une deuxième voie sur la ligne de Cherbourg à Paris, si,

De Coutances à Cherbourg, en suivant une ligne directe par Couville, Saint-Sauveur, la Haye-du-Puits, Lessay, on ne compte que 74 kilomètres, en suivant la route des étapes de la guerre qui passe à Saint-Sauveur-le-Vicomte. En empruntant 12 kilomètres construits déjà, sur la ligne ferrée de Cherbourg à Paris, il ne reste qu'environ 62 kilomètres à construire en pays plat, où l'établisment d'un chemin de fer doit être facile et peu coûteux : On a lieu même de croire que la dépense de construction de ces 62 kilomètres ne coûterait pas beaucoup plus que celle nécessaire pour la construction des 30 kilomètres, entre Coutances et Saint-Lo, par la raison qu'on n'aperçoit que peu de travaux d'art à exécuter et que partout il existe des routes sur un sol ferme et solide (1).

Pour exposer les motifs sur lesquels se fondent notre réclamation, nous sommes dans la nécessite d'entrer dans des considérations et des détails d'un certain développement.

Ligne de Couville à Coutances, pour laquelle des études sont demandées.

à son point de réunion avec celle de Cherbourg à Brest, elle est empruntée entre Couville et Lison.

Ces frais de construction, pour tout le parcours entre Le Ham et Carentan, où les terrassements existent seulement pour une seule voie, seront considérables, si l'on en juge par les difficultés qu'il a fallu vaincre pour la ligne actuelle de Cherbourg à Paris.

La levée de terre sur laquelle existe la voie ferrée dans les marais du Cotentin, semble maintenant affermie. Mais, si on ajoute à cette levée le remblai que rendra nécessaire la construction d'une seconde voie dans un terrain aussi marécageux, il ne peut être révoqué en doute que ce nouveau remblai déplacera le point de résistance ou centre de gravité de la voie actuelle, et apportera à cette voie des perturbations dont les effets ne pourront être dominés qu'à l'aide du temps et de frais considérables.

(1) Disons, d'ailleurs, que la question des dépenses est loin d'avoir ici l'importance qu'elle aurait s'il s'agissait exclusivemeut d'une lutte entre deux tracés se recommandant l'un et l'autre d'intérêts du même ordre : tel n'est point le cas qui se présente.

En effet, les partisans du tracé soit par Saint-Lo, soit par Carentan, n'ont à faire valoir et ne font valoir que des considérations d'intérêt purement local, alors que celles que nous invoquons à l'appui du tracé que nous proposons sont d'intérêt général et public.

Ainsi qu'on le verra, nous ne considérons pas seulement la communication directe qu'il s'agit d'établir entre Cherbourg et Brest, mais nous désirons aussi la voir s'étendre aux ports de Lorient, La Rochelle, Rochefort, Bordeaux, etc.; nous désirons, en d'autres termes, que cette communication relie entre eux les ports de l'Océan et de la Manche. Cette voie est donc le complément logique et indispensable des concessions précédemment faites. La repousser, c'est renoncer à doter la France de la ligne la plus directe et la plus courte de Cherbourg à Bordeaux, et cela au moment où ce grand but est presque atteint.

Pour le chemin stratégique de Brest à Cherbourg, les intérêts de la défense nationale doivent primer tous les autres, et s'il nous est permis d'aborder ce sujet, les considérations abondent et militent en faveur du tracé que la Chambre de Commerce a proposé, lequel se trouve heureusement réunir toutes les conditions stratégiques et commerciales les plus importantes pour le département de la Manche.

En effet, le nom donné à la voie en projet (chemin de fer stratégique de Brest à Cherbourg), implique suffisamment l'idée qu'elle a pour but de relier ces deux grands arsenaux et d'en faciliter la défense l'un par l'autre; non seulement ces deux arsenaux peuvent être mis en communication presque immédiate, mais encore, dans un avenir très prochain, Lorient et Rochefort seront pareillement reliés à l'arsenal de Cherbourg par les dispositions du réseau de l'ouest de la France, de telle sorte que nos quatre grands arsenaux sur la Manche et l'Océan pourront se prêter un mutuel appui (1). Il existe aussi entre Brest et Cherbourg

(1) Voici ce qu'on lit dans un rapport fait au Corps-Législatif par M. le baron Mercier, député, annexé au procès-verbal de la séance du 30 avril 1863 (page 19), à l'occasion d'études à faire pour une ligne stratégique entre Cherbourg et Brest :

« Les deux termes extrêmes de cette jonction indiquent quel rôle ce chemin est appelé à » jouer dans le système de protection de notre littoral; quelle force il ajouterait à nos deux » grands ports militaires de l'Ouest, en les rendant solidaires l'un de l'autre, aussi bien » pour le matériel d'armement que pour le personnel, en mettant en communication immé- » diate tous les petits ports de la côte.

» En réalité, cette ligne est aujourd'hui constituée à l'état de lacune, car elle n'est que » l'achèvement de cette série de chemins qui forment une grande ceinture autour de la » France continentale et maritime, et spécialement des lignes de Nantes à Châteaulin et » Landerneau, de Brest à Saint-Brieuc et de Cherbourg à Caen.

» La carte des chemins anglais présente une série de lignes entreprises dans des condi- » tions et dans un système analogues, et qui doivent nous éclairer sur les nécessités de notre » position.

» A ce caractère éminemment national, la ligne de Cherbourg à Brest a la bonne fortune » de joindre une très grande importance commerciale et agricole. »

Dans les temps les plus reculés, nous pouvons même remonter à 1800 ans, la ligne que la Chambre de Commerce a indiquée a toujours existé comme voie stratégique. M. de Gerville indique le tracé d'une voie romaine stratégique; il en détermine la longueur du parcours d'après la carte Théodosienne de l'empire Romain, et la fixe à 14 ou 15 lieues (60 kilomè- tres). Cette route allait à la Pierre-Buttée directement, de là elle traversait la forêt de Brie, Saint-Martin-le-Hébert, Bricquebec, la chaussée de Pierre-Pont, Angoville-sur-Ay, Lessay, Montsurvent, Gratos et arrivait à l'aqueduc de Coutances; il y a encore à la Roquette, sur

des ports importants qu'il est utile de ne pas négliger et qui méritent toute l'attention du gouvernement : ce sont les ports de Saint-Malo, Saint-Servan et surtout

ce parcours, un chemin qui se nomme la *rue de Coutances,* où l'on a trouvé des médailles romaines.

Ces faits sont extraits des recherches de M. de Gerville, dans ses mémoires déposés à la bibliothèque de Cherbourg.

« Il est à remarquer, dit-il, qu'après la conquête des Gaules, par Jules César, cette con-
» trée fut tranquille sous la domination des Romains, et s'y maintint pendant environ 500
» ans ou jusqu'à Clovis. (Tacite témoigne que pendant cette domination la Gaule fut tran-
» quille : *Continua inde ac firma pax).*
» *Coriallum,* devenu depuis Cherbourg, était une station militaire avec un fort château,
» et pour le relier à Coutances *(Cosedia),* qui était le chef-lieu du gouvernement romain
» (même la capitale de la contrée), on avait dirigé la route de Cherbourg par le chemin le
» plus direct pour y acheminer les légions romaines au besoin. Depuis ces temps anciens,
» les routes d'étapes de la guerre ont toujours été dirigées de la même manière, pour relier
» stratégiquement la province ou les départements de la Bretagne. »

On trouve aussi à la bibliothèque de Cherbourg, dans l'Annuaire du département de la Manche de 1830 à 1831, page 246, l'indication d'un tracé d'une voie romaine de Valognes *(Alauna)* à Cherbourg *(Coriallum),* traversant Tamerville, Saussemesnil, Le Theil, Le Mesnil-au-Val et se rendant au camp stationnaire de Tourlaville, nommé aujourd'hui Grand-Camp. Cette route fut aussi jusqu'en 1770 le chemin de Valognes à Cherbourg. Ce fut une grande erreur à cette dite époque d'ouvrir la nouvelle route impériale à l'ouest de la montagne du Roule, gravissant des côtes pénibles que le bon sens des anciens habitants du pays avait de tous temps évitées. C'était aussi d'une sage stratégie d'ouvrir deux chemins accourcis aboutissant à Cherbourg, le premier, venant de Bayeux par Torigny, Saint-Côme, Alcaume *(Alauna),* près Valognes ; le second, de Coutances *(Cosedia)* à Cherbourg *(Coriallum),* parce qu'on évitait ainsi de se jeter dans les marais quand, pour se rendre d'une station militaire à une autre, il devenait nécessaire d'aller combattre ou comprimer les insurrections dont le siége aurait été dans la presqu'île du département de la Manche.

La côte entre Couville et Coutances, plus qu'en toute autre partie du littoral, entre Brest et Cherbourg, a besoin d'être protégée par rapport au voisinage des îles Anglo-Normandes ; des fortifications menaçantes sont dressées sur l'île d'Aurigny, à 16 kilomètres de la côte française, de manière à observer tous les parages adjacents de la rade de Cherbourg. M. le baron Baude, de l'Institut, dans son excellent ouvrage intitulé *Les Côtes de la Manche,* appelle l'île d'Aurigny la guérite de lord Palmerston, d'où il est facile de bloquer Cherbourg en faisant une navette de bateaux à vapeur entre les établissements maritimes de l'île et la cote anglaise, traversée qui peut se faire en quatre heures. Il est permis aux personnes du voisinage, qui ont cette guérite sous les yeux, de réfléchir quelquefois aux usages auxquels elle est propre, et de se dire, qu'en face, la côte de France est désertée par les populations maritimes, et très exposée sans les défenses que le mouvement d'un chemin de fer peut seul lui donner. Ce serait se faire une idée bien étroite des éléments de la puissance navale que

Granville. celui de Granville; aussi est-ce avec raison que la Chambre de Commerce de cette dernière ville s'est exprimée dans les termes suivants, dans la lettre qu'elle a adressée à Votre Excellence le 17 août dernier (1), pour obtenir qu'il soit fait de nouvelles études et des rectifications à l'avant-projet soumis à la commission d'enquête qui s'est réunie à Saint-Lo :

« Les fortifications maintenues à Granville presque seul dans tout le départe-
» ment de la Manche, prouvent que cette place se lie intimement et d'une manière
» absolue à la défense de Cherbourg, et le rôle prépondérant et décisif que la
» résistance victorieuse de Granville a eu dans la guerre de Vendée, en 1793,
» et peut-être même dans le sort de la République, montre combien il importe
» d'être en état d'amener rapidement sur ce point des moyens de défense pou-
» vant correspondre à la rapidité et à l'importance des nouveaux moyens
» d'attaque.

» Ces ressources, il faut les puiser à Cherbourg ou à Rennes, pour les forces
» de terre; à Cherbourg, Brest ou Saint-Servan, pour tout ce qui concerne la
» marine, et notamment pour le ravitaillement ou le radoub des bâtiments de
» guerre désemparés, qu'une tempête ou un combat auraient forcés à se réfugier
» dans les bassins de Granville.

» Regnéville, en face des îles Anglaises, présente également un port qui,
» pour un débarquement, peut avoir une importance réelle et qu'il faut pouvoir
» couvrir. »

Ces expressions sont pleines de vérité sans doute; mais la Chambre de Com-
merce de Granville, après avoir traité la question stratégique à son point de vue d'intérêt local, s'en écarte essentiellement au point de vue de l'intérêt général, en proposant de tourner brusquement de Coutances sur Saint-Lo, décrivant un angle droit qui oblige à un parcours de 125 kilomètres au lieu de 74, pour relier Cherbourg, détour qui laisse exposé aux attaques de l'ennemi tout le littoral

---

de les supposer faits pour être rassemblés dans l'enceinte d'un arsenal. Les populations ma-
ritimes se forment et se développent ailleurs; les matelots, sans lesquels les bassins sont des déserts et les vaisseaux des masses inertes, se multiplient par la pêche, la petite navi-
gation, par la culture des champs, qui remplit une partie de leur temps et fournit à la marine ses plus indispensables approvisionnements.

(1) Cette lettre a été publiée.

entre Coutances et Cherbourg; cependant ce littoral, en face et éloigné seulement de 28 kilomètres des îles Anglaises, est bien autrement important à défendre que celui de Granville et de ses abords.

Aussi sommes-nous étonnés de voir cette ville plaider la cause de Saint-Lo pour ses communications avec l'intérieur, lorsqu'elle a l'espoir fondé de devenir tête d'une ligne qui se dirigera vers Paris.

La ville d'Avranches, en combattant les rectifications demandées par Granville **Avranches.** à l'avant-projet de la commission d'enquête du département de la Manche, demande, comme Granville, que la ligne arrivée à Coutances se détourne pour suivre celle de Saint-Lo, afin de faciliter ses communications avec le nord de la France. Quelques individualités seulement de la ville d'Avranches peuvent avoir cette idée; ce sont uniquement les voyageurs d'une ville de 8,000 habitants, sans commerce, que leurs plaisirs ou quelques relations de famille peuvent conduire vers Caen ou sur les côtes du Calvados; ces idées sont d'autant plus inexplicables, qu'il est à la connaissance de tous qu'on construit un chemin de fer de Granville à Paris et un autre de Flers à Caen.

Saint-Lo a ainsi réuni dans l'avant-projet de l'enquête toutes les sympathies du **Saint-Lo.** sud du département. Nous n'en sommes pas surpris; notre délibération du 1er juillet 1865 le faisait assez pressentir. Les défenseurs de Saint-Lo, ville de 8,000 habitants environ, située dans la partie la plus est du département, sans autres avantages réels que d'en être le chef-lieu, ont la prétention, dans un projet de ligne stratégique, de tenir en dehors de tout tracé les côtes de l'Ouest, depuis Coutances jusqu'à Cherbourg, où semblent ignorer que cet arsenal, en raison de sa position géographique à l'extrémité d'une presqu'île, restreinte dans son rayon d'approvisionnement, ne peut suffire à ses besoins en munitions de toutes natures et à la consommation de sa population de plus de 60,000 âmes, y compris les communes de sa banlieue. Le nord de cette presqu'île est presque généralement stérile, c'est donc vers les marchés de Bricquebec, Saint-Sauveur, la Haye-du-Puits, Lessay et jusqu'à Coutances, où se trouvent les bonnes terres arables, que devraient se porter les achats pour les besoins de la marine et de la guerre, qui ne laissent pas d'être considérables.

Dans la situation où se trouvent les voies de communication dans l'ouest du département, on est obligé de renoncer aux excellents blés de cette contrée et de recourir aux marchés de la Bretagne dont les transports s'opèrent par mer, et à Caen d'où l'on tire le blé par voie ferrée, au modique prix de transport de 8 fr. par mille kilogrammes; le double de ce prix de transport serait demandé par le roulage pour les provenances des marchés les plus à proximité de Cherbourg. C'est ainsi que nous nous trouvons amenés à tirer nos blés du rayon de l'approvisionnement de Paris, quand nous pourrions les avoir à nos portes.

Bien des détracteurs du projet de ligne sur nos côtes, à l'ouest de Cherbourg, semblent craindre que dans des débarquements, l'ennemi ne vienne détruire les voies ferrées trop rapprochées de la mer. Ce danger de coupure est sans doute regardé aujourd'hui comme bien peu important, puisque sur divers points, de Paris à Cherbourg, la voie se trouve bien autrement menacée, notamment à Isigny, Carentan et dans le parcours entre ces deux gares. Que ces détracteurs, qui ne respirent à l'aise que dans l'intérieur des terres, se tranquillisent et qu'ils jettent les yeux sur les cartes des chemins de fer anglais des côtes de la Manche, où se trouvent des tracés de voies ferrées, non interrompues, depuis Douvres jusqu'à Plymouth : ils comprendront de suite que, depuis les grandes guerres du premier Empire, la découverte de la vapeur appliquée aux chemins de fer, est venue modifier essentiellement les luttes futures des nations civilisées entre elles. Dans un pays comme la France, un système de voies ferrées rayonnant du centre à la circonférence, venant aboutir à tous les points stratégiques importants de cette circonférence, c'est-à-dire à ceux qui peuvent être menacés et par lesquels l'ennemi doit naturellement chercher à s'introduire sur le territoire, un pareil système offre d'inappréciables avantages.

La première conséquence est de rendre inutile les dépôts de matériel, les rassemblements de personnel prévus longtemps à l'avance. Ces dépôts, ces rassemblements qui, avant l'établissement des voies ferrées, étaient indispensables pour soutenir avec succès une guerre défensive, ne sont plus nécessaires aujourd'hui, puisque, en un très court espace de temps, on peut porter tous les moyens de résistance sur le point menacé.

Le gouvernement comprend si bien ces avantages, qu'il a promis l'établissement d'un chemin de fer soudé à Toulon, en traversant l'intérieur du département du Var, de manière à former une seconde ligne pour cet arsenal, qui a besoin effectivement de plusieurs issues pour des circonstances exceptionnelles d'attaques, soit maritimes, soit continentales.

Un des points stratégiques les plus importants entre Coutances et Cherbourg, c'est Carteret. La Chambre de Commerce croit savoir que le gouvernement attache une grande importance à l'exécution d'une ligne qui relierait à Cherbourg ce petit port, situé à peu de distance de la Haye-du-Puis. Par suite, ce port naissant, distant de 28 kilomètres de Jersey, prendrait un grand développement par sa proximité avec l'arsenal de Cherbourg; il est parfaitement disposé pour faire un port de refuge utile au ravitaillement des navires forcés de s'y abriter. Les sinistres maritimes sont très fréquents sur cette côte, où se font sentir d'impétueux courants qui existent continuellement entre les îles Anglo-Normandes et la terre de France. On a maintes fois sauvé, sur cette côte, de riches cargaisons que l'on était obligé de diriger à grands frais sur Cherbourg, pour leur bonification, réexpédition ou vente (1).

Carteret.

La partie ouest du département est essentiellement agricole. On y élève une quantité considérable de bétail : la race bovine cotentinaise est une des plus belles et des plus estimées en France, les chevaux y sont aussi fort estimés. Le cidre, le beurre, la volaille, les œufs sont l'objet d'un commerce fort important, et s'exportent en grandes quantités sur l'Angleterre. Ce commerce prendrait un grand essor si les communications étaient rendues plus faciles par une voie ferrée, pour l'exportation par Cherbourg. La pêche s'y fait sur une vaste échelle, l'huître y est plus renommée que sur tous les autres points des côtes du département, parce qu'étant roulée par les courants qui existent entre les îles Anglaises et la côte de France, elle est pêchée polie en quelque sorte, et l'eau qu'elle renferme, pure et limpide, est d'un excellent goût, de façon qu'elle peut être livrée à la consommation sans passer par les parcs à huîtres, comme dans beaucoup d'autres localités.

Importance du tracé de Couville à Coutances, en ligne droite.

(1) Pour satisfaire des intérêts purement commerciaux, on s'occupe de la construction d'un chemin de fer départemental — de Carteret se dirigeant sur Carentan — toujours pour donner satisfaction au sud du département, et sans considérer qu'en l'absence d'une ligne directe de Couville à Coutances, ce chemin, de Carteret à Carentan, serait menaçant, non-seulement pour Cherbourg, mais encore pour la presqu'île, qui va ainsi se trouver bloquée stratégiquement et commercialement. Cette voie, bien qu'elle apporte le comble aux avantages dont jouit déjà le sud du département, ne lui suffit pas encore : il lui faudrait aussi celle stratégique qui, courant parallèlement de l'ouest à l'est, partant de Coutances, en passant par Saint-Lo, relierait Brest à Cherbourg. Mais c'est là une prétention qui vient se briser contre toutes les règles de la stratégie et qui, dès-lors, ne saurait prévaloir.

L'importance d'une ligne ferrée à construire, pour le parcours direct de Couville à Coutances, ne saurait être mieux appréciée que par les chiffres suivants des populations et des distances :

> Par ou près Bricquebec,
> Par ou près Saint-Sauveur-le-Vicomte,
> Par ou près la Haye-du-Puits,
> Par ou près Lessay,
> Par ou près Montsurvent,
> Enfin de Coutances,

ON COMPTE :

De Couville à Bricquebec..........................	10	kilomètres,
De Bricquebec à Saint-Sauveur.....................	12	—
De Saint-Sauveur à la Haye-du-Puits...............	10	—
De la Haye-du-Puits à Lessay......................	8	—
De Lessay à Saint-Malo-de-la-Lande, ou mieux Montsurvent..	12	—
De Montsurvent à Coutances........................	10	—
ENSEMBLE....................	62	kilomètres.

Par les routes, en suivant leurs sinuosités, mais avec une ligne ferrée, ce parcours pourrait être, sans aucun doute, réduit à 58 ou 60 kilomètres.

Le canton de Bricquebec comprend une population de....	11.904	habitants.
On peut y ajouter le canton de Barneville, qui l'avoisine à l'ouest.....................................	10.256	—
Le conton de Saint-Sauveur-le-Vicomte................	12.781	—
— de la Haye-du-Puits......................	15.535	—
— de Lessay.............................	13.804	—
— de Saint-Malo-de-la-Lande	10.797	—
— de Coutances...........................	13.528	—
ENSEMBLE.................	88.602	habitants.

sur un parcours de 60 kilomètres.

« Bricquebec, » situé à 10 kilomètres de Couville, contient 4,446 habitants. Le territoire de ce canton présente de légères pentes vers l'ouest; à l'est il est généralement en plaine. Les routes de Cherbourg à Bricquebec et de là à Valognes, sont les seuls moyens de communication. Ce canton est essentiellement agricole; il produit beaucoup de céréales et de pommes à cidre; il fournit à la consommation de Cherbourg et de sa banlieue beaucoup d'animaux pour la boucherie, des grains, volailles, œufs, beurre, des cidres et de très fortes quantités de bois de chauffage et de charbons de bois. Bricquebec a une importance commerciale considérable dans le pays; les foires sont au nombre des plus importantes du département et sont l'objet de transactions considérables en bestiaux. Enfin, il s'y tient de forts marchés chaque semaine.

Il faut ajouter ici que cette partie du parcours d'une voie ferrée partant de Couville et se dirigeant sur ou près Bricquebec, desservirait plusieurs communes du canton des Pieux; les riches produits de ses communes agricoles et aussi leurs remarquables productions en kaolins, minerais divers, les soudes destinées à la fabrication des produits chimiques, les granits, trouveraient un débouché avantageux sur un point plus rapproché que la gare de Couville.

Enfin, sur une autre partie du même parcours, plus loin que Bricquebec, ce serait le canton de Barneville, qui comprend le port de Carteret. Ce canton tout entier, serait appelé à jouir des avantages d'une voie ferrée pour l'écoulement de ses produits, soit sur Cherbourg, soit sur d'autres parties du pays. Ce canton est le plus éloigné, dans l'arrondissement de Valognes, de la grande ligne de Cherbourg à Paris, des avantages de laquelle ligne il ne peut jouir qu'après de longs et pénibles transports aux gares de Sottevast et de Valognes; ce canton est agricole : il exporte des grains, des bestiaux, volailles, beurres, etc.

« Saint-Sauveur-le-Vicomte, » à 12 kilomètres de Bricquebec, 2,983 habitants. — Marché important chaque semaine. Transactions de grains, beurres, volailles, etc. Il s'y tient aussi plusieurs foires : celle de Rauville-la-Place, à 2 kilomètres de Saint-Sauveur, qui se tient le 4 novembre, est très importante.

Le canton de Saint-Sauveur produit beaucoup de bestiaux. On engraisse dans ses vastes herbages beaucoup d'animaux pour la boucherie, et la consommation de Cherbourg en tire de fortes quantités.

Enfin, cette contrée exporte par le hâvre de Portbail, sur l'Angleterre, des bœufs, veaux, porcs, moutons, volailles, et des denrées, beurres, œufs, etc., etc. Ces articles d'alimentation seraient d'une grande importance pour le commerce de consommation de Cherbourg et les exportations qui s'y font également pour l'Angleterre.

« LA HAYE-DU-PUITS, » à 10 kilomètres de Saint-Sauveur-le-Vicomte, 1,423 habitants. Ce canton, étendu en superficie, est essentiellement agricole. Il renferme aussi de vastes herbages, qui nourrissent beaucoup de bestiaux, dont on fait de fortes exportations sur les îles Anglaises par Portbail et par Saint-Germain-sur-Ay. — Fabrication de poterie à Vindefontaine, deux filatures de laine et une fabrique de colle-forte à la Haye-du-Puits. Ce bourg est le centre d'un commerce très important et très actif : plusieurs foires; un fort marché le mercredi; transactions nombreuses en céréales, bestiaux, volailles, beurres et denrées diverses, contribuent dans une notable proportion à l'alimentation de Cherbourg et de sa banlieue.

« LESSAY, » à 8 kilomètres de la Haye-du-Puits, 1,926 habitants. — Le canton de Lessay est agricole. Ce bourg chef-lieu a un marché chaque semaine. Transactions en céréales et denrées du pays. Le 12 septembre se tient à Lessay une foire qui dure 8 jours, et qui est la plus forte du département de la Manche. Près Lessay, à l'ouest, est le hâvre de Saint-Germain-sur-Ay, où se font, par navires caboteurs, des exportations de bestiaux et de denrées provenant des cantons voisins. Plusieurs communes du canton de Lessay, baignées par la mer, cultivent et produisent de grandes quantités de légumes. La commune de Créances notamment, qui se livre presqu'exclusivement à cette culture, en fait de fortes expéditions sur Cherbourg, par les routes d'étapes de la guerre.

« SAINT-MALO-DE-LA-LANDE, » à 12 kilomètres de Lessay, 519 habitants. — Ce canton produit beaucoup de céréales et de pommes à cidre. Une de ses communes, Montsurvent, est le siége de deux foires importantes, les 5 juillet et 12 novembre. Plusieurs communes, Gouville, Blainville, Agon, Tourville, etc., etc., sont baignées par la mer et sont situées sur un sol riche, qui, fécondé par les engrais de la mer, notamment par la tangue des hâvres de Blainville et Tourville, produit les plus magnifiques récoltes. Toutes les communes de ce canton et celles des cantons voisins, viennent dans les hâvres précités et dans celui de Geffosse, canton de Lessay, chercher ce précieux engrais qui fertilise leurs terres.

Les communes de littoral, notamment Gouville, exportent sur Cherbourg, Paris, etc., etc., de grandes quantités de varech pour sommiers et matelas. Cette exportation a produit une véritable aisance pour beaucoup d'habitants de Gouville, et est pour quelques-uns une petite fortune. Cette commune possède en outre une importante filature de laine et une fabrique de chapeaux de paille. La pêche du poisson sur les côtes de ce canton se fait sur une grande échelle et donne lieu à de fortes et fructueuses exportations,

La contrée qui comprend le canton de Saint-Malo-de-la-Lande, située à l'ouest ou nord-ouest de Coutances, a le plus grand intérêt à ce que le tracé du chemin de fer de Cherbourg à Brest vienne traverser son territoire. Ce tracé met en effet cette contrée en rapport facile et économique avec Cherbourg, qui serait un débouché avantageux pour ses produits, notamment pour ses cidres qui, aujourd'hui, n'arrivent à Cherbourg qu'après un pénible et coûteux transport par voiture.

« COUTANCES, » à 10 kilomètres de Monsurvent, 8,064 habitants, — est un canton agricole, produisant beaucoup de céréales, de pommes à cidre et autres produits. Ses exportations sur Cherbourg se font très difficilement par les routes abrégées des étapes de la guerre, sur lesquelles il a toujours existé un service de voitures publiques qui se rendent de Coutances à Cherbourg et *vice-versâ*, en passant par Lessay, la Haye-du-Puits et Saint-Sauveur. C'est aussi par ces mêmes routes qu'arrivent les grandes quantités d'œufs, qui proviennent en majeure partie de la Bretagne, et que l'on exporte à Cherbourg pour l'Angleterre.

Il y a donc un intérêt de premier ordre pour que le tracé qui doit relier Coutances à Cherbourg, soit le tracé direct par Lessay, etc., soit 74 kilomètres au lieu de 125 kilomètres par Saint-Lo. Il y a économie de temps et une grande réduction de frais de transport.

La ville de Coutances fait un fort commerce de céréales, denrées diverses, etc. Il s'y tient deux fortes foires annuelles, dont l'une, la Saint-Michel, est très considérable et dure 8 jours. Coutances est en outre le siége d'un évêché et d'un tribunal de première instance; c'est aussi le siége de la cour d'assises du département. La ville de Coutances possède encore un lycée. Il y a donc un mouvement continuel de voyageurs entre cette ville et les contrées nord et nord-ouest du département, non seulement pour les rapports qui existent entre les membres du clergé, l'évêché et les séminaires, mais encore pour le service des jurés qui se rendent aux quatre sessions annuelles de la cour d'assises et pour les nombreuses comparutions de témoins à ces mêmes sessions. Le lycée de Coutances a un certain nombre d'élèves de Cherbourg, qui sont visités par leurs familles. Tous ces voyageurs ont un but, c'est d'arriver à moindres frais et le plus promptement possible à destination : seront-ils donc obligés, s'ils partent de Cherbourg ou des cantons voisins, d'aller par Saint-Lo, faire un parcours de 125 kilomètres pour arriver à Coutances, quand la distance, par le tracé proposé par Lessay, ne serait que de 58 à 60 kilomètres.

CONCLUSION

Pour nous résumer, Monsieur le Ministre, nous croyons pouvoir affirmer que le tracé soumis aux enquêtes est contraire aux intérêts et à la défense des côtes avoisinant Cherbourg, non-seulement en doublant le parcours entre cette ville et Coutances, mais encore en amoncelant, sur divers points de ce tracé, toutes sortes de difficultés, d'encombrements et de dangers. Les objections tirées de l'éventualité de voir couper les voies par l'ennemi sont, nous le pensons, réfutées par la position du tracé que nous sollicitons, et plus encore par l'exemple d'autres parties de chemin de fer aboutissant à Cherbourg.

Nous croyons avoir démontré que le tracé proposé à l'enquête est gravement nuisible aux intérêts commerciaux de notre ville, puisqu'il détournerait par un long et coûteux parcours les immenses produits agricoles qui sont à ses portes, et que, réduits à ce seul tracé, la ville de Cherbourg et le personnel de son arsenal seraient exposés à des souffrances sans nombre.

Le tracé que nous proposons, réunissant des avantages incontestables, au double point de vue stratégique et commercial, nous prenons la liberté de faire remarquer à Votre Excellence qu'en indiquant une ligne à construire, de Couville à Coutances, d'environ 60 kilomètres, nous n'entrons dans aucuns détails techniques, posant seulement, comme jalons approximatifs, les localités vraiment importantes de notre contrée. Il ne nous appartenait pas d'ailleurs de traiter les questions d'art, mais nous n'en avons pas moins l'espoir que Votre Excellence partagera les convictions qui nous animent, et qu'elle accueillera aussi favorablement notre demande que celle des Chambres de Commerce de Saint-

Malo et de Granville. Aussi est-ce avec la plus grande confiance que nous venons vous prier, Monsieur le Ministre, de bien vouloir ordonner ou autoriser des études dans le but d'accorder satisfaction à ce que nous croyons l'intérêt stratégique et matériel du pays.

Veuillez agréer nos profonds hommages et nous croire,

Monsieur le Ministre,

de Votre Excellence,

les très humbles et très obéissants serviteurs.

Les Membres de la Chambre de Commerce :

Eugène LIAIS, *Président;* — NOEL, — LE JOLIS, — L. DUMONT, — Th. DUHOMMET, — Ch. SALLEY, — BITOUZÉ, *Membres,* — et Ed. MAHIEU, *Membre et Secrétaire.*

ÉTUDES

Sur le Tracé partant de Couville ou Sottevast, passant par Bricquebec, Saint-Sauveur-le-Vicomte, la Haye-du-Puits, Lessay, Montsurvent et Coutances.

CHERBOURG, le 20 juin 1866.

A Son Excellence Monsieur le Ministre de l'Agriculture, du Commerce et des Travaux publics.

Monsieur le Ministre,

Les études de la partie du chemin de fer stratégique de Brest à Cherbourg, dans son parcours de Couville ou Sottevast à Coutances, que vous avez bien voulu autoriser par votre dépêche du 3 février dernier, ont été exécutées dans le délai prescrit, et un avant-projet, dressé par M. Dubois, ingénieur des ponts-et-chaussées, chargé de ces études, a été remis, le 30 mai dernier, à la préfecture de la Manche.

Chemin de fer stratégique de Brest à Cherbourg.

Dépôt du rapport.
Plans et devis.

Avant de signaler à l'attention de Votre Excellence les points principaux de l'étude de M. Dubois, je vous prie de me permettre une observation préalable sur une variante qui a été dressée par cet ingénieur et envoyée, le 16 juin dernier, comme annexe au travail précédent. Voici quel a été le motif de cette variante, indiquée déjà dans le rapport de M. Dubois, du 30 mai. Cet ingénieur indiquait qu'en embranchant près de Sottevast ou à Sottevast même, il serait possible d'éviter des difficultés et d'obtenir une réduction de dépenses pour la partie de la voie à construire. Ce motif ne pouvait manquer d'attirer l'attention et il était tout naturel de demander à M. Dubois de développer sa pensée. Tel est ce qu'il a bien voulu faire par le rapport annexe du 16 juin précité.

De l'ensemble de ces études, faites avec autant de talent que de conscience, il ressort évidemment les faits suivants :

Considérations straté- Le circuit par Saint-Lo ne satisfait nullement aux conditions stratégiques qui giques. doivent être imposées à la partie du chemin de fer dont il s'agit, non seulement parce qu'il allonge notablement le parcours, mais encore parce que la voie, passant sur plusieurs cours d'eau en communication avec la mer, cette voie pourrait être facilement coupée par l'ennemi, tandis qu'au contraire, le tracé proposé et développé dans l'étude de M. Dubois, ne présente aucun de ces inconvénients, puisqu'il est plus direct, plus court et plus à l'abri de tout danger.

Le tracé partant de Coutances sur Carentan, présente, au point de vue stratégique, des inconvénients analogues à celui de Saint-Lo. Il n'a pas, il est vrai, comme ce dernier, à franchir le pont d'Isigny, mais il traverse les deux ponts de la Taute et de la Douve, ainsi que les marais de Carentan.

Le seul intérêt du tracé par Saint-Lo, est d'établir une communication plus facile du chef-lieu du département avec Coutances et la partie du département qui l'avoisine. Ceci pourrait peut-être motiver un chemin de fer départemental, qu'il appartient au département d'établir, s'il le jugeait convenable, mais non déterminer le choix du tracé d'un chemin de fer entrepris par des considérations d'un ordre plus élevé, et qui seraient essentiellement contrariées par la direction vers Saint-Lo.

Il est impossible, en effet, de perdre de vue, comme on le fait à Saint-Lo, qu'il s'agit de combler une lacune importante dans notre réseau de chemin de fer côtier, en reliant Cherbourg à Brest, lacune qui se trouve précisément en face des îles Anglaises, à un point très exposé.

Si la dépense d'un tracé direct de Coutances sur Cherbourg, paraît plus considérable, parce que l'embranchement de Coutances sur Saint-Lo est plus court, il n'y a que cette apparence, mais rien de réel. Pour s'en convaincre, il suffit de consulter les prix de construction entre Saint-Lo et le point de raccordement — La Sauvagerie, — de tenir compte des terrassements nécessaires pour la pose d'une seconde voie qui, dans un temps donné, devrait inévitablement être faite entre Saint-Lo et Cherbourg, et enfin de considérer les dangers que présentent les marais de Carentan, aussi bien pour la stabilité du remblai actuel que pour celui de la seconde voie. Il y a d'ailleurs à considérer les nombreux accidents de terrain qui existent entre Saint-Lo et Coutances et l'éloignement de la gare de cette dernière ville, qui se trouverait placée au pont de Soulles, c'est-à-dire à 1,500 mètres en contre-bas de cette même ville, ce qui serait très nuisible aux intérêts du commerce et de la population.

Le tracé partant de Couville ou mieux de Sottevast, ne présente aucun de ces inconvénients. Au contraire, il n'exige la pose d'une seconde voie que sur un parcours restreint; il diminue, en fixant le point de départ à Sottevast, la dépense pour la voie à construire, qui ne traverse ainsi que des plaines; il abrège la distance, il rallie des intérêts commerciaux très importants à ceux de l'Etat et place la gare de Coutances au centre de la ville.

Il faut de toute nécessité que le tracé, qui n'est pas celui d'un chemin de fer départemental, mais d'un chemin de fer stratégique, ait le double avantage de ne franchir aucun point vulnérable, de protéger efficacement le littoral de l'ouest du département, en permettant d'y apporter facilement de prompts secours en hommes et en matériel, et enfin de raccourcir notablement le parcours. Les tracés par Saint-Lo et par Carentan ne réunissent point ces conditions essentielles, tandis qu'elles sont parfaitement satisfaites par le tracé par Sottevast. Cette direction rentre d'ailleurs dans la voie suivie aujourd'hui par les étapes de la guerre, comme elle l'était anciennement par les légions romaines, lorsqu'elles se rendaient de la station militaire de Cherbourg à celle de Coutances.

Cette ligne, essentiellement stratégique, a encore une grande importance commerciale et agricole, ce qui n'est pas le cas pour le tracé par Saint-Lo. En effet, celui-ci ne profiterait qu'aux deux cantons de Marigny et de Canisy, éloignés seulement de dix kilomètres de la ligne actuellement en exploitation. Le tracé de Coutances à Carentan ne donnerait satisfaction qu'à deux localités :

Considérations commerciales.

Saint-Sauveur-Lendelin et Périers. Or, de ces deux tracés, l'on peut dire qu'ils sacrifient, sans compensation aucune, non seulement l'intérêt de l'Etat, mais encore celui du commerce général, eu égard à l'augmentation du parcours. Cette augmentation constitue une perte de temps et d'argent incalculable pour les voyageurs comme pour les marchandises. Et tous ces intérêts sacrifiés, qui en profiterait? Ce n'est pas le commerce de Saint-Lo. En effet, le chef-lieu du département n'ayant qu'environ 8,000 habitants, trouve pour son alimentation et ses besoins de toute nature, les ressources suffisantes dans ses environs, et son embranchement actuel sur le chemin de fer de l'Ouest lui donne ample satisfaction.

Telles sont les principales considérations déduites dans le rapport de M. Dubois, rapport que je crois devoir reproduire ici, dans son entier, persuadé qu'il vous convaincra, Monsieur le Ministre, que le tracé proposé satisfait aux intérêts de l'Etat comme à ceux du commerce.

Voici ce rapport :

Le chemin de fer de Paris à Cherbourg venait à peine d'être inauguré, que l'année suivante, en 1859, le conseil général de la Manche émettait l'idée d'une communication prompte et directe, destinée à relier les deux grands arsenaux de la Manche et de l'Océan, Cherbourg et Brest, et à réduire d'au moins 200 kilomètres le parcours actuel de 607 kilomètres, qui passe par Mézidon et Le Mans.

Dans un rapport fait au Corps-Législatif et annexé au procès-verbal de la séance du 30 avril 1863, M. le baron Mercier, ancien préfet de la Manche, s'exprimait ainsi, à l'occasion d'études pour une ligne stratégique entre Cherbourg et Brest :

« Les deux termes extrêmes de cette jonction indiquent assez quel rôle ce » chemin est appelé à jouer dans le système de protection de notre littoral, » quelle force il ajouterait à nos deux grands ports militaires de l'ouest, en les » rendant solidaires l'un de l'autre, aussi bien pour le matériel d'armement que » pour le personnel, et en mettant en communication immédiate tous les petits » ports de la côte.

» A ce caractère éminemment national, le chemin de fer de Cherbourg à » Brest a la bonne fortune de joindre une très grande importance agricole et » commerciale.

» Ces quelques mots définissent complétement le caractère de la ligne de
» Cherbourg à Brest, une ligne essentiellement stratégique et en même temps
» importante pour la richesse agricole et commerciale des contrées qu'elle
» traverse. »

Lorsque la France commença à se couvrir du magnifique réseau de voies
ferrées qu'elle possède aujourd'hui, le premier soin de l'Etat fut de joindre à
Paris tous les grands centres militaires, maritimes et commerciaux. Ces grandes
artères une fois terminées, on s'occupa de relier ces grands centres entre eux
par des voies plus directes, desservant en même temps des contrées qui,
par leurs positions géographiques, ne pouvaient être traversées par les grandes
lignes.

L'idée vint naturellement d'un chemin de fer côtier destiné à relier entre eux
tous nos ports. Cette ligne, nous la trouvons à peu près terminée aujourd'hui,
sur la Méditerranée, entre Nice et Port-Vendres.

Sur l'Océan, une ligne non interrompue, terminée ou en cours d'exécution,
part de Bayonne, embrasse les deux côtés de la Gironde, traverse les Charentes
et la Vendée, et partant de Nantes, fait tout le tour de la Bretagne, pour revenir
jusqu'à Rennes, puis reprend de Cherbourg, pour suivre successivement toutes
les côtes de la Manche jusqu'aux frontières de la Belgique.

Dans ce long réseau, nous ne rencontrons qu'une seule lacune, depuis Saint-
Malo, ou, à proprement parler, depuis Saint-Brieuc jusqu'à Cherbourg, et cette
lacune se trouve précisément au point le plus exposé de nos côtes, en face les îles
Anglaises.

De l'autre côté du détroit, l'Angleterre se préoccupant au plus haut degré de la
défense de ses côtes, nous a donné l'exemple de ses deux grands arsenaux, Ports-
mouth et Plymouth, reliés entre eux par de doubles voies ferrées, et d'un réseau
qui côtoie la mer d'aussi près que possible, en même temps qu'à nos portes, à
quelques lieues de nous, elle accumule tous les éléments, non plus de la défense,
mais de l'attaque.

Dans ses instructions nautiques de 1846, l'amirauté anglaise recommandait
la baie de la Baleine, dans l'île de Serq, comme l'abri naturel des croiseurs qui
observeraient le petit port de Diélette, le seul point de la côte entre Cherbourg et
Granville qui puisse recevoir une flottille.

La baie de Sainte-Catherine, sur la côte orientale de l'île de Jersey, constitue aujourd'hui un port de refuge, accessible à toute marée, un abri de 120 hectares, compris entre les jetées et protégé par un fort et un camp retranché de 80 hectares.

Enfin, à 4 lieues de la Hague, à 9 lieues à peine de Cherbourg, la rade foraine de Braye est devenue un établissement militaire de premier ordre, abrité par un môle dont la longueur totale doit être de 2,300 mètres, et protégé par les canons de plusieurs forts.

En face de ces îles, si bien disposées pour servir d'abri et de lieu de ravitaillement pour une flotte assaillante, quels moyens de défense présente la côte ouest du département de la Manche? Ses seules ressources, elle devrait les demander, d'un côté à Cherbourg et de l'autre à Rennes et à Brest, au moyen d'un chemin de fer stratégique.

Nous n'avons à nous occuper ici ni de la jonction sur la ligne de Rennes à Brest, ni de la partie de chemin comprise entre ce point de jonction et Coutances.

A partir de Coutances, trois tracés se trouvent en présence :

L'un de Coutances à Saint-Lo directement;

L'autre de Coutances à Carentan, en passant par Périers, tracés déjà étudiés;

Le troisième de Coutances à Couville, en passant par Lessay, la Haye-du-Puits, Saint-Sauveur-le-Vicomte et Bricquebec.

Ce sont ces différents tracés que nous allons mettre en parallèle.

Bien que la question stratégique soit du ressort du ministère de la guerre, devant étudier un chemin de fer qui a ce caractère particulier, nous avons eu recours aux renseignements de MM. les officiers du génie que cela concerne plus spécialement. Qu'il me soit donc permis, dans ce rapport, d'étudier particulièrement la question militaire.

Pour un chemin de fer destiné spécialement à la défense d'un littoral, la condition la plus nécessaire est évidemment de suivre la côte assez près pour que les troupes amenées par la voie ferrée n'aient qu'une faible distance à parcourir à pied pour se rendre au point menacé; assez loin cependant pour être à l'abri des canons d'un vaisseau ennemi et pour qu'une troupe de débarquement ne puisse se risquer à venir le couper.

La ligne allant de Coutances à Saint-Lo ne remplit évidemment pas cette condition :

1° Cette ligne ne sert en rien à protéger la côte ouest du département, puisqu'à partir de Coutances elle s'en éloigne le plus possible, en prenant une direction perpendiculaire, et on ne peut alléguer qu'elle favorise la côte ouest, puisqu'elle emprunte une ligne déjà établie;

2° Sur la partie de la ligne déjà existante, qu'emprunte ce tracé, nous rencontrons trois points vulnérables. A un kilomètre environ de la station d'Isigny, le chemin de fer franchit la Vire au moyen d'un pont américain de 44 mètres d'ouverture. Le chenal de la Vire, présentant aujourd'hui un tirant d'eau d'environ 5 mètres par les hautes mers de morte eau, il ne serait pas bien difficile à une canonnière ennemie de remonter la Vire pour détruire ce pont.

A peu de distance de la station de Carentan, la ligne ferrée franchit d'abord la Taute et ensuite la Douve, cette dernière par un pont de trois travées de 8 mètres chacune, reposant sur piles de maçonnerie, points également vulnérables à cause de leur voisinage de la mer et de la profondeur du chenal de Carentan, qui atteint 3 mètres 50 en morte eau; de plus, la traversée des marais de Carentan, sur près de 10 kilomètres, peut et doit présenter des dangers sérieux en cas de guerre;

3° Cette ligne fait un long détour qui porte la distance entre Coutances et Cherbourg à 123 kilomètres, tandis qu'elle n'est que de 74 kilomètres par les routes d'étapes de la guerre.

Cet allongement tient à deux causes : au tracé, déjà un peu long, de Saint-Lo à Cherbourg, et ensuite à la direction même de cette portion de route entre Coutances et Saint-Lo, direction à peu près exactement perpendiculaire à la ligne générale de tracé qui court du sud au nord.

Le tracé partant de Coutances pour se diriger sur Carentan, présente au point de vue stratégique, des inconvénients analogues. Il n'a pas, il est vrai, à franchir le pont d'Isigny, mais il traverse les deux ponts de la Taute et de la Douve, ainsi que les marais de Carentan. Sa longueur ne sera que de 95 kilomètres au lieu de 123, en passant par Saint-Lo.

De Coutances, il s'éloigne de la côte ouest, tout en restant à une distance de

15 à 18 kilomètres jusqu'à Périers, puis s'en écarte tout-à-fait pour venir rejoindre Carentan.

En admettant qu'une flotte soit réfugiée dans le port de Cherbourg et qu'elle ait besoin, dans un court délai, de grands renforts en hommes ou en armement, c'est à Brest et à Lorient qu'elle devrait les demander. Faut-il donc, dans cette grave éventualité, se soumettre aux lenteurs d'un plus long parcours et surtout aux chances d'un arrêt complet, par la rupture des ponts dont j'ai parlé plus haut?

Doit-on enfin priver la côte de l'ouest des prompts secours en hommes ou en canons, qu'un chemin de fer circulant près du littoral pourrait lui amener en si peu de temps, pour jeter à la mer une troupe qui essaierait de débarquer?

Nous ne pouvons passer sous silence une objection qui se présente naturellement à l'esprit. La ligne de Cherbourg à Paris étant à la fois une ligne commerciale et militaire, puisqu'on a admis pour elle les dangers que nous avons signalés, pourquoi ne pas les admettre pour la ligne de Cherbourg à Brest? A cela, nous répondrons que cette dernière est plus spécialement stratégique et que d'ailleurs la ligne de Paris à Cherbourg avait des points de passage, tels que Caen et Bayeux, qui ne permettaient guère de lui attribuer un autre tracé.

Pour éviter tous ces dangers, il fallait donc s'embrancher, non seulement au nord de Carentan, mais encore au-dessus de la station de Chef-du-Pont, afin d'éviter de se jeter dans les marais de Carentan.

Nous avons choisi Couville parce que, en cet endroit, la ligne qui, à partir de Cherbourg, avait couru à peu près nord-sud, s'écarte brusquement de sa direction pour se porter vers l'est. En partant de Couville, la ligne continue à courir à peu près parallèlement à la côte, dont elle se rapproche beaucoup vers la Haye-du-Puits et Lessay, puis, arrivée à Montsurvent, elle se retourne sur Coutances.

Sur cette ligne, aucun point vulnérable, et enfin un tracé beaucoup plus court, puisque nous n'avons que 76 kilomètres au lieu de 95 par Carentan, et 123 en passant par Saint-Lo.

Le tracé passant par Couville nous semble donc, au point de vue stratégique, présenter le double avantage de ne franchir aucun point vulnérable, de protéger efficacement le littoral de l'ouest du département, en permettant d'y apporter facilement de prompts secours en hommes et en matériel, et enfin de raccourcir notablement le parcours.

Mais, comme nous l'avons dit en commençant, cette ligne n'est pas seulement une ligne stratégique, elle a encore une grande importance commerciale et agricole.

Cherbourg, par sa position à l'extrémité d'une presqu'île et par l'importance de sa population, qui atteint 60,000 habitants, en y comprenant la banlieue et la population flottante, est forcé de s'étendre dans un cercle assez considérable, aussi bien pour l'alimentation que pour les approvisionnements de tout genre. Le nord de la presqu'île est généralement stérile, à l'exception pourtant du Val-de-Saire. C'est seulement en descendant au sud, vers Bricquebec, Saint-Sauveur, la Haye-du-Puits, Lessay, etc., pays essentiellement agricole, que pourraient se porter les achats pour les besoins de la population, de la guerre et de la marine.

Mais ces contrées productives étant dépourvues de voies ferrées, on est réduit à recourir aux marchés de la Bretagne, dont les transports s'effectuent par mer, ou bien à Caen, d'où l'on tire le blé par voie ferrée, au prix très minime de transport de 8 fr. par 1,000 kilogrammes. Malgré les belles routes qui existent dans le département de la Manche, le roulage demanderait un prix au moins double pour apporter à Cherbourg les céréales provenant de Bricquebec, la Haye-du-Puits, etc. Une voie ferrée passant à proximité de ces grands marchés permettra, pour un faible prix de transport, d'amener à Cherbourg ces blés, qui sont exportés actuellement ou prennent d'autres directions, et Cherbourg n'aura plus à s'approvisionner à Caen, c'est-à-dire sur l'un des marchés qui fournissent Paris.

Il y aurait de même un grand avantage pour les animaux de boucherie, les œufs, les cidres, etc., qui sont forcés de suivre les routes de terre, tandis qu'ils se serviraient inévitablement d'une voie ferrée traversant les contrées de production.

Quant aux matières premières et en général aux approvisionnements de toutes sortes, que la guerre et la marine tirent de Bretagne, un tracé qui présente une diminution de 25 kilomètres d'une manière, de 50 kilomètres de l'autre, ne laisse pas que de présenter une certaine économie sur le prix de revient des produits transportés.

Il ne faut pas seulement considérer les avantages commerciaux au point de vue de Cherbourg, il faut aussi examiner séparément les intérêts des contrées traversées.

En partant de Couville, le tracé rencontre les localités suivantes :

1° Bricquebec (11,900 habitants), pays essentiellement agricole, producteur en céréales et bestiaux, sans autres voies de communication que la route de Cherbourg à Bricquebec et Valognes et le chemin de Bricquebec à Sottevast; par un parcours de 9 à 10 kilomètres de plus, entre Couville et Bricquebec, la voie ferrée se trouverait à proximité de plusieurs communes du canton des Pieux. Les produits agricoles de ces riches communes, leurs granits, les soudes destinées aux produits chimiques, etc., trouveraient un grand avantage à venir rejoindre la voie ferrée, à un point moins éloigné que la gare de Couville;

2° Barneville (10,256 habitants). Ce canton est, par sa position géographique, le plus éloigné de la ligne actuelle de Cherbourg à Paris, son chef-lieu étant à 26 et 30 kilomètres des deux gares de Sottevast et de Valognes; un port, celui de Carteret, dont l'importance ne peut que croître, à cause de ses relations constantes avec les îles Anglaises;

3° Saint-Sauveur-le-Vicomte (12,781 habitants), avec le petit port de Portbail, qui est également assez commerçant avec les îles Anglaises. Le chef-lieu est à 16 kilomètres de Valognes, tandis que Portbail en est à 30.

A quelque distance de Saint-Sauveur, près de l'endroit où doit passer cette ligne, on rencontre les carrières de Besneville, d'où l'on envoie chaque mois à Paris environ 30,000 pavés qui doivent parcourir au moins 20 kilomètres par le roulage avant d'être chargés sur les wagons;

4° La Haye-du-Puits (15,535 habitants), pays très riche par l'élève des bestiaux, dont le chef-lieu est le siége d'un commerce très important et se trouve à 25 kilomètres de la voie ferrée;

5° Lessay (13,804 habitants), avec le petit port de Saint-Germain-sur-Ay, où se fait, par les caboteurs, l'exportation des denrées et des bestiaux des cantons voisins. Plusieurs de ces communes, baignées par la mer, sont renommées pour la production de leurs légumes, dont elles envoient de grandes quantités à Cherbourg par les routes de terre.

Le tracé par Carentan laisserait Lessay à l'ouest, de 10 kilomètres environ, celui par Saint-Lo en passerait à près de 35 kilomètres. Ces distances à parcourir alternativement en voiture et en chemin de fer, répugnent souvent aux expéditeurs, qui en sont réduits à exporter par les voies de terre;

6° Saint-Malo-de-la-Lande (10,797 habitants), pays très riche en céréales et dont plusieurs communes, Agon, Gouville, Blainville, Tourville, baignées par la mer, situées sur un sol riche fécondé encore par la tangue de Tourville et de Blainville, produisent de très belles récoltes. Le chemin projeté côtoie ces riches communes et par suite leur donnera toutes les facilités de transport.

Pour se rendre compte des productions agricoles et du mouvement commercial des contrées dont nous venons de parler, nous ne pouvons mieux faire que de donner les chiffres recueillis récemment par M. le Président de la Chambre de Commerce de Cherbourg auprès des autorités locales :

Les dix foires annuelles de Bricquebec donnent lieu à un mouvement d'affaires de... 4.096.000 fr.

Celles de Lessay 4.360.000

Les foires et marchés de la Haye-du-Puits........... 1.750.000

Celles de Montsurvent........................ 500.000

Les marchés et foire de Saint-Sauveur-le-Vicomte...... 640.000

TOTAL....... 11.346.000 fr.

L'ensemble des foires et marchés annuels donne donc, pour les contrées traversées, un mouvement d'affaires de près de onze millions et demi.

De plus, si nous évaluons en quintaux métriques les productions agricoles de ces contrées, nous trouvons pour ces cantons :

Pour Bricquebec......................... 26.070.150 kil.

» Saint-Sauveur...................... 37.692.475

» La Haye-du-Puits.................... 40.826.533

» Lessay 37.952.266

» Saint-Malo-de-la-Lande.............. 33.896.000

TOTAL....... 176.437.424 kil.

Soit 1.764.374 quintaux métriques.

Un chemin de fer traversant ces contrées et les reliant facilement à Cherbourg, donnera un énorme débouché à tous les produits agricoles, tant pour l'exportation que pour les approvisionnements de la guerre et de la marine et pour la consommation de la population de Cherbourg et de sa banlieue. L'exportation par Cherbourg, d'après les relevés de la douane et de l'octroi, s'est élevée, en 1865, à la somme de 7.160.000 fr. pour les animaux de boucherie, les beurres, volailles, etc. Il n'est pas douteux que la facilité qu'auront tous ces produits de se rendre à Cherbourg par voie ferrée, ne fasse au moins doubler cette exportation; cette production de 1.700.000 quintaux métriques à répartir sur moins de 58 kilomètres, l'exportation qui se fait par Cherbourg, l'agglomération des populations dans les contrées traversées, tout cela réuni au mouvement qui s'établira entre la Bretagne, le sud du département de la Manche et Cherbourg, peut faire espérer à la ligne de Coutances à Couville une recette kilométrique d'au moins 15 à 16.000 francs.

Le tracé de Coutances à Carentan ne traverse que deux localités de quelque importance, Saint-Sauveur-Lendelin et Périers, ce dernier chef-lieu de canton, important par son marché pour les céréales.

Le tracé par Saint-Lo laisse encore de côté ces deux localités pour ne profiter qu'aux deux cantons de Marigny et de Canisy qui, en l'état actuel, ne sont pas à 10 kilomètres de la voie ferrée.

Ainsi, ces deux tracés sacrifient les intérêts de six cantons très importants à ceux de deux cantons au plus. Ils ne pourront en rien profiter au point de vue financier des exportations de ces différentes contrées qui, se trouvant toujours aussi éloignées de la nouvelle ligne que de celle actuellement déjà existante, continueront à faire leurs exportations par voie de mer ou par le roulage. Enfin ils augmentent le parcours, c'est-à-dire constituent une perte de temps et d'argent pour les voyageurs comme pour les marchandises.

Et tous ces intérêts une fois sacrifiés, qui en profiterait ? Ce n'est pas le commerce de Saint-Lo, car le chef-lieu du département de la Manche n'ayant que 8 à 10,000 habitants, trouve, pour son alimentation et ses besoins, toutes les ressources nécessaires dans ses environs, ou va les chercher plus loin, au moyen de son embranchement sur la ligne de Paris.

Plus tard, si comme tout porte à l'espérer, les chemins de fer départementaux prennent une certaine extension, il n'est pas douteux qu'on construira un embranchement de Saint-Lo sur Coutances, afin de donner satisfaction aux rapports qui existent entre ces deux villes, le chef-lieu du département et le chef-lieu du diocèse; mais en ce moment, au point de vue stratégique comme au point de vue des rapports commerciaux, le tracé passant par Saint-Lo doit être rejeté.

Quant au tracé par Carentan, il ne peut même pas invoquer cette question de rapports et d'intérêts sociaux.

Avant de passer à la partie technique et à la question financière, c'est-à-dire aux dépenses de construction de cette ligne, nous devons faire observer une chose. Dans le cahier des charges imposé à la compagnie de l'Ouest pour la construction de la ligne entre Caen et Cherbourg, il est stipulé que les ouvrages d'art seront exécutés pour deux voies, mais que les terrassements, remblais, pose de rails, etc., pourront être préparés pour une voie seulement.

Il n'est pas douteux qu'une seule voie suffira encore pendant longtemps aux besoins actuels de la circulation entre Saint-Lo et Cherbourg, ou même entre Carentan et Cherbourg, mais si l'on vient emprunter cette ligne pour le chemin de fer stratégique de Brest à Cherbourg, la construction d'une seconde voie entre le point d'embranchement et Cherbourg, deviendra immédiatement nécessaire, car il n'est pas possible d'admettre que les deux lignes de Cherbourg sur Paris et sur Brest n'aient qu'une voie sur le tronc commun. La circulation deviendrait sinon impossible, du moins dangereuse et sujette à des retards.

Si donc les lignes par Carentan et Saint-Lo n'exigent, l'une que 38 kilomètres, l'autre que 28 de construction nouvelle, tandis que le tracé par Couville en exigera environ 63, on devra tenir compte aussi, dans l'évaluation des dépenses, de la construction d'une deuxième voie, terrassements et pose de rails, sur une longueur de 57 kilomètres pour Carentan et de 97 pour Saint-Lo, tandis que par Couville on n'emprunte la ligne actuelle que sur 14 kilomètres.

Ajoutons encore que la traversée des marais de Carentan, sur une longueur d'environ 12 kilomètres, depuis Carentan jusqu' et au-delà de Chef-du-Pont, a présenté de très grandes difficultés lors de la construction de la ligne entre Paris et Cherbourg. Aujourd'hui que la levée sur laquelle est assise la voie est complétement affermie, la construction d'une seconde voie entraînera, non seulement en cet endroit des frais considérables, mais pourra même ne pas être sans danger pour la stabilité du remblai actuel.

Le tracé quitte la ligne actuelle de Paris à Cherbourg à un point situé entre les deux stations de Couville et Sottevast, et à une distance de Cherbourg de 14,200 mètres. Ce point de départ est à la cote 72,440.

Tracé.

La ligne doit franchir les contre-forts descendant jusqu'à la mer et qui forment les bassins de la Sauldre, de la Scye et de l'Ay. Elle rencontre les lignes de faîtes, près du village des Michels, près du village de Montrond, et enfin près du Monthuchon, à l'arrivée sur Coutances.

Les pentes et rampes sont en général comprises entre un et neuf millimètres par mètre, sauf pour le passage du faîte des Michels et le passage du Monthuchon aux Michels ; pour éviter un remblai énorme, dans une vallée profonde qu'on est obligé de couper, on a dû atteindre une pente de 13 millimètres sur une longueur de 2,900 mètres.

En s'embranchant plus près de Sottevast ou à Sottevast même, il serait possible d'éviter complétement cette difficulté. Quant au passage du faîte de Monthuchon, nous nous sommes élevés à peu près en ligne droite vers le clocher de Monthuchon, en partant des contre-forts que limitent au sud la lande de Lessay. Ce tracé a l'avantage de permettre de s'élever peu à peu par une pente assez douce, puis, à 1,500 mètres environ du faîte, nous avons suivi une vallée secondaire qui se jette un peu vers l'ouest, et nous avons dû franchir le faîte de Monthuchon, à la cote 111 mètres, au moyen d'un tunnel de 600 mètres. En partant de Monthuchon pour se raccorder sur la ligne projetée d'Avranches sur Saint-Lo ou Carentan, deux systèmes se présentaient : ou bien passer sous la route de Périers, tout près de Monthuchon, et s'embrancher sur cette ligne, ou bien passer tout près de Coutances et rejoindre la ligne au sud de Coutances. C'est à ce dernier système que nous nous sommes arrêté. Voici pourquoi :

Dans le premier cas, nous empruntons la ligne d'Avranches, dans sa partie la plus défavorable, c'est-à-dire lorsqu'elle présente une pente de 15 millimètres sur 3,400 mètres. En second lieu, la gare de Coutances nous semble occuper une position tout-à-fait contraire aux intérêts du commerce et de la population de Coutances. La gare est située au bout du faubourg de Soulle, c'est-à-dire à plus de 1,500 mètres du centre de Coutances et à une très grande hauteur en contre-bas. Nous avons préféré rester toujours à l'ouest de la route départementale de Périers et passer sous cette route, à son embranchement avec la route impériale n° 171, au lieu dit la Croix-Quillart, et établir la gare immédiatement après, c'est-à-dire sur le contre-fort qui se trouve à l'est de la prison de Coutances. Nous avons trouvé ainsi l'avantage de n'avoir pas de pente supérieure à 12 $^{m/m}$ 5 et d'établir la gare pour ainsi dire dans Coutances, et de donner ainsi toutes les facilités aux besoins du commerce et de la population.

A partir de la gare, le tracé suivrait la ligne rouge indiquée au plan et rejoindrait la ligne étudiée vers Avranches, auprès de l'endroit appelé la Sauvagerie, c'est-à-dire à 3 kilomètres, et ce point étant situé à la cote 30ᵐ, on aurait à racheter une différence de niveau d'environ 38ᵐ avec 3 kilomètres, c'est-à-dire pour une pente de 127ᵐ environ. La route impériale qui se rend au pont de Soulle serait franchie au moyen d'un viaduc ou même d'une simple ferme américaine passant à environ 30ᵐ au-dessus du sol, et le tracé continuerait ainsi en restant sur le coteau situé à l'ouest de la rivière de Soulle. C'est à l'étude définitive qu'il appartiendra de décider le meilleur moyen à employer pour se relier à la ligne projetée entre Saint-Lo et Avranches.

Sauf une courbe de 450ᵐ de rayon sur une très faible étendue, nous n'avons admis nulle part de rayon inférieur à 500ᵐ, et presque toujours nous nous sommes arrêtés à 600ᵐ et à 1000ᵐ.

La ligne peut être ainsi répartie :

Alignement droit.	37.860ᵐ
Alignement courbe	24.540
TOTAL	62.400ᵐ

Paliers	6.900ᵐ
Pente	24.800
Rampes	30.700
TOTAL	62.400ᵐ

Outre les gares de Bricquebec, Saint-Sauveur, la Haye-du-Puits, Lessay et Coutances, nous avons projeté une gare de 4ᵉ classe, près de Muneville, celle pour desservir les communes de Muneville-le-Bingard, Montsurvent, etc., et toutes les riches communes de Saint-Malo-de-la-Lande. Gares.

Le détail estimatif porte une dépense totale de 17,233,000 fr. pour 62 k. 400, soit 276,169 fr. 87 c. par kilomètre, chiffre qu'on atteint en moyenne pour les tracés de chemins de fer, en prenant pour base les dépenses d'exploitation, d'outillage, pose des voies, etc., admises dans nos grandes compagnies de chemins de fer.

Je me bornerai à remarquer, en terminant, que si on met en parallèle les dépenses de construction des lignes passant par Couville, St-Lo et Carentan, il

7

faudra, pour ces deux dernières, faire entrer en compte tous les terrassements nécessaires pour l'établissement d'une seconde voie.

Cherbourg, le 30 mai 1866.

L'ingénieur ordinaire,

Signé Dubois.

——

MODIFICATIONS AU TRACÉ

Au début, nous avions étudié une ligne partant de Couville ou plutôt à 2,000 mètres de Couville, entre cette station et celle de Sottevast. Ce tracé avait l'inconvénient de rencontrer un faîte très élevé où se trouve placé le village des Michels, et où le ruisseau de la Trappe prend sa source. Pour éviter ces difficultés, nous nous sommes embranchés sur la ligne de Paris à Cherbourg, au poteau 350,800. Le tracé suit pendant quelque temps la vallée de la Douve, se détourne pour prendre une vallée secondaire qui amène à Bricquebec.

Puis le tracé franchit successivement les rivières de la Scye et de la Sauldre, traverse la ligne de faîte de Montrond, passe au bas du mont de Taillepied, traverse les marais auprès de l'église de Saint-Sauveur-de-Pierrepont, c'est-à-dire au point où ils sont le plus étroits, côtoie la Haye-du-Puits et Lessay et se déroule dans les landes de Lessay. En partant de là, pour arriver à Coutances, point obligé dans le tracé, on rencontre la ligne de faîte de Monthuchon, qu'il n'est possible d'éviter qu'en restant toujours au bord de la mer.

Nous nous sommes élevés graduellement depuis la lande de Lessay jusqu'à Monthuchon, dont le col se trouve à la hauteur de 143 mètres, et nous l'avons franchi à la cote 111, au moyen d'un tunnel de 550 mètres.

Là, deux tracés se trouvaient en présence : ou bien passer sous la route de Périers, tout près de Monthuchon, et aller rejoindre de suite la ligne étudiée, entre Saint-Lo et Coutances, ou bien rester dans une vallée parallèle à la route de Périers et à l'ouest, la suivre jusqu'à Coutances et passer sous la route de Périers, à sa bifurcation avec la route impériale n° 171, au lieu dit la Croix-Quillart.

Ce système est le préférable, en ce qu'il place la gare de Coutances auprès de la prison, c'est-à-dire presque dans la ville, tandis que le tracé de Saint-Lo place la gare au pont de Soulle, c'est-à-dire à plus de 1,500 mètres du centre de Coutances et très en contre-bas, ce qui est nuisible aux intérêts du commerce et de la population.

Nous avons eu ainsi, il est vrai, une pente de $0^m\,015$ sur 1,100 mètres, en quittant la station de Coutances et un viaduc de deux arches de 20 mètres de hauteur, pour franchir les deux routes impériale et départementale et un affluent de la Soulle.

Le nouveau tracé nous a permis d'éviter, ainsi que nous l'avions projeté d'abord, de franchir le pont de Soulle au moyen d'une ferme américaine de 40 mètres de portée.

Nous rejoignons le tracé de Saint-Lo à Avranches, au lieu dit la Sauvagerie, à 30 kilomètres de Saint-Lo.

Nous n'avons pas admis de courbes d'un rayon inférieur à 500 mètres, encore sont-elles en minorité. Celles que nous avons le plus souvent sont les courbes de 1,000 mètres au rayon. | *Courbes.*

Le tracé se répartit ainsi :

Alignements droits. . . . . . . 43.183^m
Courbes. 20.134

TOTAL. . . . . 63.317^m

Les pentes les plus usuelles varient de 1 à 9 millimètres. Toutefois, nous avons une pente de $0^m\,015$ sur 1,100 mètres en quittant la station de Coutances. | *Pentes.*

La longueur du tracé se répartit ainsi :

Pentes. . . . . 27.200^m
Rampes. 29.500
Paliers 6.600

TOTAL. . . . . 63.300^m

Sur cette longueur on rencontre :

Pentes de $0^m\,015$ sur 1,100 mètres;
Pentes entre $0^m\,010$ et $0^m\,012$, sur 10,000 mètres;
Pentes de $0^m\,010$ sur 5,700 mètres;
Pentes entre $0^m\,001$ et $0^m\,009$ sur 39,900 mètres;

Nous avons admis les types usuels de la compagnie de l'Ouest, pour les profils à une voie, aqueducs, ponts par dessus et par dessous, ainsi que les prix kilométriques de cette compagnie, pour pose de voie, ballast, matériel, outillage, etc. Nous avons admis une station de 2ᵉ classe à Coutances et d'autres d'ordre inférieur à la Haye-du-Puits, Lessay, Saint-Sauveur et Bricquebec.

Le détail estimatif porte une dépense totale de 15,075,215 fr., soit 238,151 fr. par kilomètre.

Avant de terminer, nous devons faire la remarque suivante :

Si on veut rendre comparables, au point de vue de la dépense, le tracé de Coutances à Sottevast ou à Saint-Lo, il faut, pour cette dernière ligne, consulter les prix de construction entre Saint-Lo et le point de raccordement, la Sauvagerie, c'est-à-dire sur une longueur de 30 kilomètres, et enfin tenir compte des terrassements nécessaires pour la pose d'une seconde voie, ainsi que le prix de pose de cette seconde voie, entre Saint-Lo et Sottevast, c'est-à-dire sur 77 kilomètres.

Cherbourg, le 16 juin 1866.

L'ingénieur des ponts-et-chaussées,

Signé DUBOIS.

M. l'ingénieur Dubois, dans son rapport précité, indique des chiffres de productions agricoles, industrielles et commerciales, recueillis par les soins de la Chambre de Commerce, auprès des autorités locales. Permettez-moi, Monsieur le Ministre, de mettre sous vos yeux le détail de ce mouvement agricole et commercial des contrées traversées par la voie ferrée en projet, qui a servi de base aux citations de cet ingénieur.

CANTON DE SAINT-MALO-DE-LA-LANDE.

PRODUCTIONS AGRICOLES.

La commune de Boisroger a été prise comme terme de comparaison. Par son étendue territoriale et par sa population, elle représente à peu près la 20ᵉ partie du canton. Ses productions agricoles, en quantité comme en qualité, donnent bien la moyenne. Si elle est inférieure, toute proportion observée, aux belles et riches communes baignées par la mer, comme Gouville, Blainville, Agon, Heugueville et Tourville, par sa proximité des engrais de mer, elle devient supérieure à la plupart des autres communes du canton. Elle représente donc bien la moyenne; c'est, du reste, l'opinion de tous les cultivateurs de la contrée.

DÉTAIL DES PRODUCTIONS DU CANTON :

Froment.

2,200 hectares cultivés environ. En évaluant le rendement annuel à 16 hectolitres par hectare, on reste assurément au-dessous de la vérité.

Cette moyenne, calculée sur cinq années et prise pour base, on arrive au résultat suivant :

2.200 hectares $\times 16^h = 35.200^h$; on peut donc hardiment évaluer ce rendement annuel à $36.000^h \times 82^k = $. . . . . 2.952.000 ^{k}

Orge.

Dans plusieurs communes du canton, on laboure plus d'orge que de froment. On peut évaluer à 2,000 hectares les terres ensemencées chaque année en orge. Le rendement annuel est (année moyenne), de 20 hectolitres par hectare.

Or, 2.000 hectares $\times 20^h = 40.000^h \times 70^k = $. 2.800.000

Avoine.

250 hectares ensemencés chaque année. Rendement annuel, 20 hectolitres par hectare.

Or, 250 hectares $\times 20^h = 5.000^h \times 50^k = $. 250.000

Sarrasin.

1.400 hectares ensemencés. Rendement annuel, 20 hectolitres par hectare.

Or, 1.400 hectares $\times 20^h = 28.000^h \times 70^k = $. 1.960.000

Pommes de terre.

600 hectares ensemencés. Rendement annuel, 120 hectolitres par hectare.

Or, 600 hectares $\times 120^h = 72.000^h \times 80^k = $. 5.760.000

A reporter. . . . . 13.722.000 ^{k}

$Report.$ . . . $13.722.000^k$

Betteraves.

300 hectares cultivés. Rendement par hectare, 100 quintaux métriques.

Or, 300 hectares × 100 quintaux métriques = 30.000 quintaux métriques × 100^k = ... 3.000.000

Colza.

200 hectares ensemencés. Rendement, 20 hectolitres par hectare.

Or, 200 hectares × 20^h = 4.000^h × 65^k = ... 260.000

Lin.

200 hectares ensemencés. Rendement, 20 hectolitres par hectare.

Or, 200 hectares × 20^h = 4.000^h × 65^k = ... 260.000

Cidre.

La commune précitée de Boisroger étant donnée comme la 20e partie du canton et produisant annuellement, en moyenne, 200 futailles de cidre de 14 hectolitres chacune, il en résulte que le canton produit ensemble :

200 futailles × 20 × 14^h = 56.000 hectolitres. Et à cause de l'infériorité de quelques communes dans la production du cidre, on a abaissé le rendement annuel du canton à 55.000 hectolitres, ce qui est au-dessous de la vérité.

Or, 55.000 hectolitres × 100 kilog., futailles comprises = . . . 5.500.000

Viande de boucherie.

En opérant toujours sur les mêmes données, on trouve pour le canton la vente annuelle de viande de boucherie comme suit :

Moutons.. 6.000 × 35^k = 210.000^k . . . . ⎫
Veaux.... 1.000 × 70 = 70.000 . . . . ⎬ 480.000
Porcs.... 2.000 × 100 = 200.000 . . . . ⎭

$A\ reporter.$ . . . $23.222.000^k$

Report. . . . 23.222.000ᵏ

Ce canton n'engraisse pas de bœufs. La boucherie les tire des cantons voisins.

Volailles.

Le canton nourrit une grande quantité de volailles qui, par la production et la vente des œufs, donnent aux éleveurs une bonne rémunération de leurs avances et de leurs frais. Les renseignements pris dans la commune de Boisroger, permettent d'évaluer, pour le canton, le nombre de volailles, conformément aux chiffres ci-après :

Dindons	500 × 6ᵏ =	3.000ᵏ
Oies.	1.500 × 5 =	7.500
Canards	1.800 × 2 =	3.600
Poules et poulets..	50.000 × 2 =	100.000
Pigeons	2.000 × 1 =	2.000

Ensemble.. cages comprises.   116.100

Œufs de volailles.

En opérant sur les données les plus modérées, on arrive à ce résultat, que la commune de Boisroger compte 1.500 poules pondeuses. Or, d'après les statistiques existant sur cet objet, on ne peut guère évaluer la production annuelle des œufs d'une poule à plus de 100 œufs.

Or, 100 œufs × 1.500 poules = ... 150.000 œufs.

En y ajoutant, sur les mêmes bases, les œufs de
70 canes, on a 70 × 100 = ... 7.000

Ensemble. . . . 157.000 œufs.

Or, 157.000 œufs × 20 = pour le canton 3.140.000 œufs.

Si j'ajoute à ce chiffre les œufs d'oies, de pintades, etc., la production du canton doit être évaluée au moins à 3.500.000 œufs ou 291.666 douzaines pesant 0ᵏ 85 la douzaine = . . .   247.916

Ce résultat est certainement au-dessous de la vérité.

A reporter. . . . 23.586.016ᵏ

Report. . . . 23.586.016^k

Beurre.

On évalue la production du canton, d'après les données ci-dessus, à 200.000 kilogrammes.

Cette quantité est produite par 2.000 vaches produisant annuellement, en moyenne, chacune 100 kilogrammes.

Or, 2.000 vaches $\times$ 100^k = 200.000^k. 200.000

Abeilles.

Il existe dans le canton au moins 2.000 ruches d'abeilles, valant chacune 10 fr.

Or, 2.000 ruches $\times$ 5^k = ... 10.000

Bois de chauffage.

Production annuelle, 100.000 fagots de   30^k = 3.000.000 }
        Id.   2.000 stères de 1.000   = 2.000.000 }   5.000.000

Productions marines.

Verdière ou herbe marine coupée sur les rochers de Gouville, Blainville et Agon, séchée et exportée sur Cherbourg et sur d'autres points de la France, pour sommiers et matelas.

D'après les renseignements communiqués par les exporteurs eux-mêmes, les quantités exportées annuellement s'élèvent au moins à 4.600.000 kilogrammes.. . . . . 4.600.000

Or, 4.600.000^k à 110^f les $^{oo}/_{oo}$ kilog. = 506.000^f.

Poissons.

Les 18 pêcheries existant à Gouville, Blainville et Agon, exportent annuellement 250.000 kilogrammes, ci. . . . . 250.000^k

Les bateaux et autres moyens. 250.000
                                            ─────────
                    Ensemble. . . . 500.000^k 500.000

à 1 fr. le kilog. = 500.000 fr.

Total. . . . 33.896.016^k

FOIRES DE MONTSURVENT.

Les deux foires annuelles de Montsurvent, dont l'importance augmente chaque année, donnent ensemble un chiffre d'affaires de *500,000 fr.*, composés
comme suit :

800 bœufs et vaches à 300 ^{f} = . . .	240.000 ^{f}
300 chevaux . . . . 400 = . . .	120.000
1.500 moutons. . . . 25 = . . .	37.500
1.000 porcs . . . . . 45 = . . .	45.000
Volailles.	10.000
Articles divers	47.500
ENSEMBLE	500.000 ^{f}

CANTON DE LESSAY.

PRODUCTIONS AGRICOLES.

Le canton de Lessay présente dans son territoire des variations assez considérables. Il contient beaucoup de landages et terres incultes. Cependant les
terres cultivées offrent encore une surface très étendue et qui dépasse d'un
sixième au moins celle du canton de Saint-Malo-de-la-Lande. Cette différence se
retrouve aussi dans la population qui dépasse de plus de 2.000 habitants celle
du canton de Saint-Malo-de-la-Lande. Comme étendue cultivable et population,
ce dernier est à celui de Lessay comme 20 : 24.

DÉTAIL DES PRODUCTIONS AGRICOLES DU CANTON :

Froment.

2.600 hectares ensemencés. Rendement par hectare, 16 hectolitres.

Or, 2,600 hectares $\times$ 16 ^{h} = 41.600 ^{h}; en chiffres ronds, 42.000 hectolitres
$\times$ 82 ^{k} . . . . 3.444.000 ^{k}

Orge.

2.400 hectares ensemencés. — Rendement par hectare, 20
hectolitres.

A reporter . . . . 3.444.000 ^{k}

8

Report. . . . 3.444.000^k

Or, 2.400 hectares $\times$ 20^h = 48.000^h, mais, à cause de l'infériorité du territoire de quelques communes, on abaisse cette production à 45.000 hectolitres.

Donc, 45.000 hectol. $\times$ 70^k = ... 3.150.000

Avoine.

300 hectares ensemencés. — Production par hectare, 20 hectolitres.

Or, 300 hectares $\times$ 20^h = 6.000^b $\times$ 50^k = ... 300.000

Sarrasin.

1.600 hectares ensemencés. Rendement annuel, 20 hectolitres par hectare.

Donc, 1.600 hectares $\times$ 20^h = 32.000^h $\times$ 70^k = ... 2.240.000

Pommes de terre.

700 hectares ensemencés. Rendement annuel, 120 hectolitres par hectare.

Donc, 700 hectares $\times$ 120^h = 84.000^h, mais à cause de l'infériorité productive de quelques communes, le rendement annuel est abaissé à 80.000^h $\times$ 80^k = ... 6.400.000

Betteraves.

360 hectares cultivés. Rendement annuel par hectare, 100 quintaux métriques.

Or, 360 hectares $\times$ 100 quintaux métriques = 36.000 quintaux métriques.

Quelques communes ont une culture inférieure. Production abaissée à 35.000 quintaux métriques $\times$ 100^k = ... 3.500.000

Colza.

240 hectares cultivés. — Rendement, 20 hectolitres par hectare.

A reporter. . . . 19.034.000^k

Report. . . . 19.034.000^k

Or, 240 hectares × 20^h = 4.800^h. — Réduit à 4.000^h × 65^k =   260.000
par infériorité de quelques contrées.

Lin.

200 hectares cultivés. Rendement, 20 hectolitres par hectare.

Or, 200 hectares × 20^h = 4.000^h × 65^k = ...   260.000

Cidre.

La production du cidre dans ce canton n'est pas plus considédérable que dans celui de Saint-Malo-de-la-Lande, encore bien que son étendue territoriale plantée soit plus grande.

On peut adopter le même chiffre et fixer la récolte annuelle à 55.000 hectolitres.

Or, 55.000 hectolitres × 100 kilog., futailles comprises = . . .   5.500.000

Viande de Boucherie.

Moutons et agneaux.. 7.000	×	35^k = 245.000^k. . . .	
Veaux. 1.200	×	70 = 84.000	589.000
Porcs 2.600	×	100 = 260.000	

Volailles.

Dindons	600 × 6^k =	3.600^k		
Oies.	6.000 × 5 =	30.000		
Canards	5.000 × 2 =	10.000	Ensemble..	145.600
Poules et poulets..	50.000 × 2 =	100.000		
Pigeons	2.000 × 1 =	2.000		

Les cages sont comprises dans ce poids.

Le nombre des oies et canards est beaucoup plus élevé dans ce canton que dans celui de Saint-Malo-de-la-Lande. Cela tient au voisinage des landes dites landes de Lessay, qui s'étendent sur sept à huit communes. Les habitants envoient les oies à la lande où elles ne peuvent causer aucuns dégâts et où elles trouvent leur nourriture.

A reporter. . . . 25.788.600^k

Report. . . . 25.788.600 ^{k}

Ces renseignements ont été fournis à la mairie de Lessay.

Œufs de volailles.

Le nombre de poules pondeuses peut être évalué à 30.000, pondant 100 œufs chaque année.

Or, 30.000 poules × 100 œufs = ... 3.000.000 œufs.

Il faut y ajouter :

4.000 canes × 100 œufs = ... 400.000
2.000 oies pondeuses × 20 œufs = ... 40.000

ENSEMBLE. . . . 3.440.000 œufs.

ou 286.666 douzaines × 0^k 85 la douzaine = ... 243.666

Beurre.

2.400 vaches produisant annuellement 240.000 kilogrammes de beurre, à raison de 100 kilogrammes par vache 240.000

Abeilles.

2.000 ruches d'abeilles, valant chacune 10 fr.

Or, 2.000 ruches × 5^k = ... 10.000

Bois de chauffage.

Production annuelle, 100.000 fagots de 30^k = 3.000.000 ⎫
    Id.   2.000 stères de 1.000 = 2.000.000 ⎭ 5.000.000

Productions marines.

Exportation d'environ 190.000 kilogrammes de verdière ou varech pour sommiers et matelas. 190.000

Or, 190.000 ^{k} à 110 ^{f} les $^{oo}/_{oo}$ kilog. = 20.900 ^{f}.

Net. . . . 20.000

Légumes divers.

La commune de Créances cultive toutes sortes de légumes. Elle en fait de fortes et fructueuses exportations sur les marchés de la Haye-du-Puits, Saint-Sauveur, Bricquebec, Les Pieux, Cher-

A reporter. . . . . 31.472.266 ^{k}

Report. . . . 31.472.266ᵏ

bourg, etc.; le montant de ces exportations ne peut être évalué à moins de 800.000 francs.

L'oignon entre pour 150.000 francs dans ce chiffre.

6.480.000ᵏ de légumes d'une valeur de 30ᶠ les 240ᵏ = ... 6.480.000

Total. . . . 37.952.266ᵏ

FOIRE DE LESSAY.

(Le 12 Septembre. — 8 jours.)

Cette foire est la plus importante du département. Le champ de foire est placé dans la lande connue sous le nom de Petite-Lande-de-Lessay.

Voici, sur cette foire, les renseignements statistiques fournis à la mairie de Lessay par M. Lenoël, maire de cette commune :

Chevaux et poulains	4.500 à 300ᶠ »» =	1.350.000ᶠ
Bœufs et vaches.	2.500 à 400 »» =	1.000.000
Moutons.	4.000 à 25 »» =	100.000
Porcs	1.500 à 45 »» =	67.500
Volailles.	200.000 à 1 50 =	300.000
Plumes, laine et filasse.		100.000
Toiles de façon.		40.000
Draperies et nouveautés		250.000
Chaudronnerie et quincaillerie.		15.000
Articles de Paris, parapluies, bijouterie.		100.000
Friperie		15.000
Epicerie		15.000
Chapellerie		20.000
30 marchands de sabots, ensemble		100.000
Poterie.		100.000
Marchands de cidre et cafetiers		150.000
Restaurateurs, aubergistes et boulangers		400.000
Bimblotterie et vannerie		30.000
Ferblanterie.		10.000
Articles omis		200.000
	Total.	4.362.500ᶠ

CANTON DE LA HAYE-DU-PUITS.

Ce canton, très étendu en territoire, comprend 24 communes. Ses productions agricoles sont les mêmes que celles du canton de Lessay. Quelques-unes de ses communes, voisines du Cotentin, ont de bons herbages où l'on engraisse beaucoup de bœufs et vaches, dont une partie est exportée sur l'Angleterre par le hâvre de Portbail.

La commune de la Haye-du-Puits, chef-lieu de ce canton, est le centre d'un commerce très important et très actif. Il s'y tient plusieurs foires. Le marché du mercredi de chaque semaine est très considérable. Il s'y fait de nombreuses transactions en bestiaux, grains, volailles, beurres et denrées diverses, qui contribuent dans une notable proportion à l'alimentation de Cherbourg et de sa banlieue.

DÉTAIL APPROXIMATIF DU COMMERCE DE LA HAYE-DU-PUITS.

Importations par Cherbourg.

Bois de sapin 800 stères	30.000 f
Charbons de terre	10.000
Vins et eaux-de-vie.	40.000
Cuirs corroyés.	5.000
Colle brute	10.000
TOTAL.	85.000 f

Exportations sur Cherbourg.

Colle fabriquée.	4.000 f
Noir d'ivoire.	2.000
Cuirs corroyés.	8.000
TOTAL.	14.000 f

Commerce local.

	March^ds.	Affaires - Fr.	
Bois du Nord.	2	. . . .	50.000 f
Fers et aciers.	2	. . . .	200.000
Quincailliers et cloutiers	4	. . . .	150.000
		A reporter. . . .	400.000

		March^{ds}.	Affaires - Fr	
	Report. . . .			400.000 ͬ
Colle forte, fabricant.	1			120.000
Tanneurs et corroyeurs.	4	. . . .		160.000
Mégissiers	1	. . . . . .		8.000
M^{ds} de chaussures, cordonniers . .	26	. . . .		400.000
M^{ds} de sabots.	4	. . . . . .		20.000
Chapeliers	3	. . . . . .		60.000
Teinturiers.	3	. . . . . .		100.000
M^{ds} de nouveautés, draperies et toiles.	10	. . . . . .		300.000
Horlogers	2	. . . . . .		60.000
Maréchaux et serruriers	9	. . . . . .		180.000
Menuisiers et entrepreneurs. . . .	5	. . . . . .		30.000
Maîtres d'hôtel	2	. . . . . .		25.000
Aubergistes.	16	. . . . . .		200.000
Cafetiers.	20	. . . . . .		200.000
Nég^{ts} en gros, vins et eaux-de-vie. .	4	. . . . . .		600.000
Libraires	2	. . . . . .		15.000
Boulangers.	7	. . . . . .		70.000
Bouchers et lardiers.	13	. . . . . .		260.000
Epiciers.	22	. . . . . .		330.000
Pâtissiers	1	. . . . . .		10.000
Pharmaciens	2	. . . . . .		15.000
Chaudronniers.	2	. . . . . .		20.000
M^{ds} de parapluies.	1	. . . . . .		10.000
	TOTAL.			3.593.000 ͬ

FOIRES.

Quatre foires annuelles où il se vend :

1.200 bœufs et vaches à 300 ͬ.	360.000 ͬ
100 chevaux à 200 ͬ	20.000
1.200 moutons à 25 ͬ	30.000
Autres articles.	10.000
TOTAL. . . .	420.000 ͬ

FOIRE-ASSEMBLÉE (St-Clair).

Affaires de toutes sortes. . . . . 100.000 ᶠ

MARCHÉ DU MERCREDI.

Résultat de l'année :

Froment. . . . . . . 10.500 sacs de 2 hectolitres à 40 ᶠ   420.000 ᶠ
Orge. . . . . 10.500   id.   à 20   210.000
Avoine. . . . . . . 1.000   id.   à 18   18.000
Sarrasin. . . . . . 6.000   id.   à 18   108.000
Pommes de terre. . . 9.000 hectolitres à 4ᶠ 50 . . .   40.500
Graines diverses. . . . . . ' 12.000
Pommes à cidre, 18.000 hectolitres à 6ᶠ. . . . . . .   10·800
Beurre, 150.000 kilogrammes à 2ᶠ 75 . . . .   412.500

TOTAL. . . . 1.231.800 ᶠ

PRODUCTIONS AGRICOLES DU CANTON.

Froment.

3.300 hectares ensemencés. — Rendement par hectare, 16 hectolitres.
Or, 3.300 hectares × 16ʰ = 52.800 ʰ.

En chiffres ronds, 52.000ʰ × 82ᵏ = ... 4.264.000ᵏ

Orge.

3.000 hectares ensemencés. — Rendement annuel par hectare, 20 hectolitres.

Or, 3.000 hectares × 20ʰ = 60.000 ʰ × 70ᵏ =. 4.200.000

Avoine.

300 hectares ensemencés. Rendement 20 hectolitres par hectare.

Or, 300 hectares × 20ʰ = 6.000 ʰ × 50ᵏ = ... 300.000

Sarrasin.

2.000 hectares ensemencés. Rendement annuel par hectare 20 hectolitres.

A reporter. . . . . 8.764.000 ʰ

$$\textit{Report}. \ldots \ 8.764.000^{\,k}$$

Or, 2.000 hectares $\times 20^{\,h} = 40.000^{\,h} \times 70^{\,k} =$ 2.800.000

Pommes de terre.

900 hectares ensemencés. Rendement annuel, 120 hectolitres par hectare.

Or, 900 hectares $\times 120^{\,h} = 108.000^{\,h} \times 80^{\,k} =$ 8.640.000

Betteraves.

300 hectares cultivés. — Rendement par hectare, 100 quintaux métriques.

Or, 300 hectares $\times 100$ quintaux métriques $= 30.000$ quintaux métriques $\times 100^{\,k}$ 3.000.000

Colza.

300 hectares cultivés. — Rendement par hectare, 20 hectolitres.

Or, 300 hectares $\times 20^{\,h} = 6.000^{\,h} \times 65^{\,k} =$ 390.000

Lin.

300 hectares cultivés. — Rendement par hectare, 20 hectolitres.

Or, 300 hectares $\times 20^{\,h} = 6.000^{\,h} \times 65^{\,k} =$ 390.000

Cidre.

La production de ce canton, d'après la proportion observée ailleurs, est de 60.000 hectolitres, soit ensemble 5.000 futailles de 12 hectolitres $\times 100^{\,k}$ (futailles comprises) $=$ 6.000.000

Viande de boucherie.

Bœufs et vaches exportés par Portbail et sur Cherbourg :

Bœufs et vaches . .	600	$\times 500^{\,k} =$	300.000$^{\,k}$	
Moutons et agneaux .	9.000	$\times 35 =$	315.000	1.020.000
Veaux.	1.500	$\times 70 =$	105.000	
Porcs.	3.000	$\times 100 =$	300.000	

$$\textit{A reporter}. \ldots \ 31.004.000^{\,k}$$

Report. . . . 31.064.000^k

Volailles.

Dindons	700 × 6^k =	4.200^k		
Oies.	2.000 × 5 =	10.000		
Canards	3.000 × 2 =	6.000	ENSEMBLE..	173.200^k
Poules et poulets..	75.000 × 2 =	150.000		
Pigeons	3.000 × 1 =	3.000		

La proportion observée pour le canton de Saint-Malo-de-la-Lande peut être suivie pour le canton de la Haye-du-Puits, pour les nombres de volailles précitées, en arrondissant les chiffres.

Œufs de volailles.

Ce canton, d'après les données observées ailleurs, a au moins 45.000 poules pondeuses produisant chacune 100 œufs.

Or, 45.000 poules × 100 œufs = ... 4.500.000 œufs.

2.000 canes × 100 œufs = ... 200.000

1.000 oies pondeuses × 20 œufs = ... 20.000

ENSEMBLE. . . . 4.720.000 œufs.

ou 393.333 douzaines × 0^k 85 la douzaine = ... 334.333

Beurre.

Ce canton a au moins 3.000 vaches, produisant chaque année 300.000 kilog. de beurre. 300.000

Ce résultat est conforme, toute proportion gardée, à ceux des cantons voisins, et il est au-dessous de la vérité.

Abeilles.

D'après la proportion observée dans les cantons voisins, les choses étant les mêmes, il y a dans ce canton :

3.000 ruches d'abeilles, d'une valeur de 10 fr. l'une.

Or, 3.000 ruches × 5^k = ... 15.000

A reporter. . . . . . 31.826.533^k

Report. . . . 31.826.533^k

Bois de chauffage.

La production du canton ne peut être moindre de :

200.000 fagots de 30^k l'un.

Or, 200.000 × 30^k = ... 6.000.000^k ⎫
3.000 stères, bûches de 1.000^k l'un. ⎬ 9.000.000
Or, 3.000 × 1.000^k = ... 3.000.000 ⎭

Total. . . . 40.826.533^k

CANTON DE SAINT-SAUVEUR-LE-VICOMTE.

Ce canton, dont la population est, à peu de chose près, égale à celui de Lessay, a une grande étendue territoriale en terre cultivable et en herbage et prairies. Il produit beaucoup de céréales, et ses vastes herbages engraissent beaucoup de bestiaux, dont on fait de fortes expéditions sur l'Angleterre par Portbail et Cherbourg.

PRODUCTIONS AGRICOLES DU CANTON.

Froment.

2.600 hectares cultivés. Rendement annuel par hectare, 16 hectolitres.

Or, 2,600 hectares × 16^h = 41.600^h; en chiffres ronds, 42.000 hectolitres
× 82^k . . . . 3.444.000^k

Orge.

2.400 hectares cultivés. Rendement annuel par hectare, 20 hectolitres.

Or, 2.400 hectares × 20^h = 48.000^h × 70^k = ... 3.360.000
Cette production est plutôt au-dessous de la vérité qu'exagérée.

Avoine.

300 hectares ensemencés. — Production par hectare, 20 hectolitres.

Or, 300 hectares × 20^h = 6.000^h × 50^k = ... 300.000

A reporter. . . . . 7.104.000^k

Report. . . .   7.104.000^k

Sarrasin.

1.600 hectares ensemencés. Rendement annuel, 20 hectolitres
par hectare.

Donc, 1.600 hectares $\times$ 20^h = 32.000^h $\times$ 70^k = ...   2.240.000

Pommes de terre.

700 hectares ensemencés. Rendement annuel, 120 hectolitres
par hectare.

Donc, 700 hectares $\times$ 120^h = 84.000^h $\times$ 80^k = ...   6.720.000
Ce chiffre peut être maintenu et doit être au-dessous de la vérité.

Betteraves.

360 hectares cultivés. — Rendement annuel par hectare, 100
quintaux métriques.

Or, 360 hectares $\times$ 100 quintaux métriques = 36.000 quintaux
métriques $\times$ 100^k = ...   3.600.000

Colza.

240 hectares cultivés. —|Rendement annuel par hectare, 20
hectolitres.

Or, 240 hectares $\times$ 20^h = 4.800^h qu'on peut abaisser à 4.000
hectolitres à cause de l'infériorité productive de quelques contrées. — 4.000 hectolitres $\times$ 65^k = ...   260.000

Lin.

200 hectares cultivés. — Rendement annuel par hectare, 20
hectolitres.

Or, 200 hectares $\times$ 20^h = 4.000^h $\times$ 65^k = ...   260.000

Cidre.

La production du cidre dans ce canton est importante. Elle
peut être évaluée, d'après les proportions existantes, à 60.000
hectolitres, qu'on doit abaisser à 55.000 hectolitres à cause du
peu de production de quelques contrées.

A reporter. . . .   20.184.000^k

Report. . . . 20.184.000 ^k

Or, 55.000 hectolitres × 100^k avec la futaille = ... 5.500.000

Viande de boucherie.

Mêmes quantités à peu près que dans le canton de Lessay. Il faut y ajouter les bœufs et vaches engraissés dans plusieurs communes et qui servent à l'approvisionnement de la boucherie de Cherbourg et à des exportations sur l'Angleterre.

Détail. — Viande de boucherie.

Moutons et agneaux	$7.000 \times 35^k = 245.000^k$	
Veaux	$1.200 \times 70 = 84.000$	
Porcs.	$2.600 \times 100 = 260.000$	
Bœufs et vaches.	$500 \times 500 = 250.000$	
	ENSEMBLE. . . . 839.000^k	839.000

Volailles.

Quantités semblables à celles trouvées dans le canton de Lessay, les proportions étant les mêmes, sauf le nombre des oies et canards un peu moins élevé.

Dindons.	$600 \times 6^k = 3.600^k$	
Oies	$4.000 \times 5 = 20.000$	
Canards.	$4.000 \times 2 = 8.000$	
Poules et poulets	$50.000 \times 2 = 100.000$	
Pigeons	$2.000 \times 1 = 2.000$	
	ENSEMBLE. . . . 133.600^k	133.600

Œufs de volailles.

30.000 poules pondeuses, pondant annuellement chacune 100 œufs.

Or, 30.000 poules × 100 œufs = ... 3.000.000 œufs.
3.000 canes à chacune 100 œufs = . . . 300.000
1.500 oies   Id.   20 œufs = . . . 30.000

ENSEMBLE . . . 3.330.000 œufs.

A reporter. . . . 26.656.600 ^k

Report. . . . 26.656.600^k

3.330.000 $\frac{}{12}$ = 277.500 douzaines $\times$ 0^k 85 = ... 235.875

Beurre.

La production du beurre est considérable dans la majeure partie de ce canton, à cause de l'excellente nourriture qu'y trouvent les vaches. Le nombre des vaches doit être augmenté d'un 5e au moins sur les cantons déjà mentionnés et le rendement annuel doit être aussi augmenté d'un 1/3 environ par vache. Donc, 3.000 vaches produisant annuellement chacune 130 kilog. de beurre.

3.000 vaches $\times$ 130^k = ... 390.000

Abeilles.

2.000 ruches environ à 10^k l'une, pesant 5^k = ... 10.000

Bois de chauffage.

Production, 100.000 fagots de 30 kilog. l'un = 3.000.000^k
Id.   20.000 st. bûches de 1.000^k l'un = 2.000.000

Ensemble. . . 5.000.000^k   5.000.000

Total. . . . . 32.292.475^k

Exportations sur Cherbourg et ailleurs.

Chêne du pays, 2.000 mètres cubes $\times$ 1.200^k = . . 2.400.000^k
Charbon de bois 600.000
Pavés de Besneville, 20.000 par mois $\times$ 12 $\times$ 10^k = . . 2.400.000

Total. . . 37.692.475^k

INDUSTRIE ET COMMERCE
COMMUNE DE ST-SAUVEUR.
Importations par Cherbourg.

Bois de sapin, 800 stères. . . . . . . 50.000^f
Charbons de terre. 10.000

Total. . . 60.000^f

Commerce local.

	March^{ds}.	Affaires - Fr.

Bois du Nord. . . . . 3 Marchᵈˢ. Affaires - Fr. 60.000 ᶠ
Mᵈˢ de fers. . . . . 2 . . . . 50.000
Quincaillerie, clouterie . . . . . . 2 . . . . . . 30.000
Mᵈˢ de chaussures, cordonniers . . 12 . . . . 120.000
Fabricants et Mᵈˢ de sabots . . . . 9 . . . . 40.000
Chapellerie. . . . . 3 . . . . 20.000
Teinturiers. . . . . 3 . . . . 80.000
Nouveautés et draperies . . . . . 4 . . . . 100.000
Horlogers . . . . 2 . . . . 20.000
Maréchaux et serruriers . . . . . 6 . . . . 80.000
Entrepreneurs et menuisers. . . . 7 . . . . 150.000
Peintres et vitriers. . . . . 4 . . . . 25.000
Chaudronnerie. . . . . 1 . . . . 6.000
Maîtres d'hôtel . . . . 2 . . . . 25.000
Aubergistes. . . . . 10 . . . . 100.000
Cafetiers. . . . . 2 . . . . 8.000
Vins et eaux-de-vie (en gros). . . . 6 100,000
Libraires . . . . 2 . . . . 10.000
Boulangers. . . . . 7 . . . . 70.000
Bouchers et lardiers. . . . . . . 3 . . . . 120.000
Epiciers. . . . . 12 . . . . 200.000
Sels. . . . . 1 . . . . 10.000
Pâtissiers . . . . 1 . . . . 10.000
Mᵈˢ de faïence. . . . . 2 . . . . 15.000
Pharmaciens . . . . 1 . . . . 10.000
Mᵈˢ de parapluies. . . . . 1 . . . . 10.000

TOTAL. . . . . . 1.469.000 ᶠ

FOIRES.

2 foires annuelles.

Chiffre d'affaires, ensemble. . . . . 300.000 ᶠ

MARCHÉ DU SAMEDI.

Il s'y vend annuellement :

2.000 sacs froment à 40 ^{f}		80.000 ^{f}
2.000 — orge à 20 ^{f}		40.000
1.000 — sarrasin à 18 ^{f}		18.000
500 — avoine à 18 ^{f}		9.000
50.000 kilog. de beurre à 2 ^{f} 75		137.500
24.000 douzaines d'œufs à 0 ^{f} 75		18.000
15.000 têtes de volailles à 1 ^{f} 50		22.500
4.000 hectolitres pommes de terre à 4 ^{f} 50		18.000

TOTAL . . . . . 343.000 ^{f}

FOIRE DE RAUVILLE-LA-PLACE.

La foire de Rauville-la-Place, à deux kilomètres environ de Saint-Sauveur, se tient le 5 ou le 6 novembre de chaque année. Elle est très importante et donne un chiffre d'affaires très considérable. Fortes et nombreuses transactions en bœufs gras, vaches, veaux, porcs, chevaux, etc.

CANTON DE BRICQUEBEC.

Ce canton, dont la population est d'environ 11.800 habitants, a une grande étendue territoriale. Les terres cultivables offrent de grandes différences quant à la qualité. De cet ensemble on peut déduire une bonne moyenne. Les vastes forêts de Bricquebec, qui s'étendaient sur la commune chef-lieu et sur celles de Sottevast, Saint-Martin-le-Hébert, les Perques, le Vrétot, etc., se défrichent peu à peu; elles fournissaient il y a quelques années encore à la ville de Cherbourg, à sa banlieue et à l'arsenal de la marine, d'énormes quantités de bois de chauffage. La construction de Cherbourg a tiré depuis longtemps dans ce canton et y tire encore aujourd'hui beaucoup d'arbres, essence de chêne, pour ses besoins journaliers.

PRODUCTIONS AGRICOLES DU CANTON.

Froment.

2.400 hectares ensemencés. Rendement annuel par hectare, 16 hectolitres.

Or, 2,400 hectares $\times 16^h = 38.400^h$; en chiffres ronds, 38.000 hectolitres $\times 82^k$ . . . . 3.416.000^k

Orge.

1.600 hectares ensemencés. Rendement annuel par hectare, 20 hectolitres.

Or, 1.600 hectares $\times 20^h = 32.000^h \times 70^k =$ 2.240.000

Avoine.

200 hectares ensemencés. Rendement annuel par hectare, 20 hectolitres.

Or, 200 hectares $\times 20^h = 4.000^h \times 50^k =$ 200.000

Sarrasin.

1.400 hectares ensemencés. Rendement annuel par hectare, 20 hectolitres.

Or, 1.400 hectares $\times 20^h = 28.000^h \times 70^k =$ 1.960.000

Pommes de terre.

600 hectares cultivés. — Rendement annuel par hectare, 120 hectolitres.

Or, 600 hectares $\times 120^h = 72.000^h \times 80^k =$ 5.760.000

Colza.

200 hectares cultivés. — Rendement annuel par hectare, 20 hectolitres.

Or, 200 hectares $\times 20^h = 4.000^h \times 65^k =$ 260.000

Lin.

200 hectares cultivés. — Rendement annuel par hectare, 20 hectolitres.

A reporter. . . . . 13.536.000^k

10

Report. . . . 13.536.000^k

Or, 200 hectares $\times 20^h = 4.000^h \times 65^k = $ 260.000

Betteraves.

200 hectares cultivés. — Rendement annuel par hectare, 100 quintaux métriques.

Or, 200 hectares $\times$ 100 quintaux métriques $= 20.000$ quintaux métriques $\times 100^k = $ 2.000.000

Cidre.

On peut y récolter, en moyenne, 3.000 futailles de 11 hectolitres l'une.

Or, $3.000 \times 11^h = 33.000$ hectol. $\times 100^k$ (futaille comprise) $= $. 3.300.000

Viande de boucherie.

La production peut être fixée annuellement aux chiffres ci-après :

Moutons et agneaux	$600 \times 35^k =$	210.000^k
Veaux	$1.000 \times 70 =$	70.000
Porcs.	$3.000 \times 100 =$	300.000
	Ensemble. . . .	580.000^k

580.000

On n'y engraisse pas de bœufs ni vaches. En revanche, on y engraisse plus de porcs que dans les autres cantons de même grandeur. Cette différence s'explique par l'écoulement toujours assuré que donne à ce canton les salaisons de la marine à Cherbourg, et celles faites par quelques négociants pour les exportations à l'étranger.

Volailles.

Le nombre de volailles de ce canton est moins considérable que celui de quelques cantons de même grandeur; on peut le fixer aux chiffres ci-après :

A reporter. . . . 19 676.000 ^k

Report. . . . 19.676.000^k

Dindons.	500 × 6^k =	3.000^k
Oies	1.500 × 5 =	7.500
Canards.	1.800 × 2 =	3.600
Poules et poulets	25.000 × 2 =	50.000
Pigeons	2.000 × 1 =	2.000

ENSEMBLE (cages comprises. . 66.100^k 66.100

Œufs de volailles.

Cette production est moins importante que dans quelques cantons, par suite d'un nombre de volailles moins considérable;
ainsi on peut fixer 15.000 poules pondeuses, produisant annuellement chacune 100 œufs.

Or, 15.000 poules × 100 œufs = ... 1.500.000 œufs.
1.500 canes à chacune 100 œufs = . . . 150.000
  800 oies   *Id.*   20 œufs = . . . 16.000

ENSEMBLE. . . 1.666.000 œufs.

$\dfrac{1.666.000}{12}$ = 138.883 douzaines × 0^k 85 = ... 118.050

Abeilles.

2.000 ruches valant 10^f l'une.

Or, 2.000 × 5^k = ... 10.000

Beurre.

2.000 vaches produisant chacune 100^k par an.
2.000 vaches × 100^k = ... 200.000

Bois de chauffage.

Production, 100.000 fagots de 30 kilog. l'un = 3.000.000^k
   Id.   3.000 st. bûches de 1.000^k l'un = 3.000.000

ENSEMBLE. . . 6.000.000^k 6.000.000

TOTAL. . . . . 26.070.150^k

INDUSTRIE ET COMMERCE

COMMUNE DE BRICQUEBEC.

Importations par Cherbourg.

Bois du Nord, sapin, 500 stères. . . . . 30.000 f

Commerce local.

Bois du Nord.	1	March^{ds}. Affaires – Fr.	35.000 f
Menuisiers et entrepreneurs. . . .	5	. . . .	120.000
Couvreurs	2	. . . .	20.000
Peintres et vitriers.	3	. . . .	25.000
Charrons.	3	. . . .	50.000
Mégissiers.	1	. . . .	10.000
M^{ds} de chaussures, cordonniers . .	10	. . . .	120.000
Fabricants et m^{ds} de sabots	15	. . . .	80.000
M^{ds} chapeliers	2	. . . .	30.000
Teinturiers.	4	. . . .	200.000
Nouveautés et merceries	6	. . . .	200.000
Horlogers	3	. . . .	40.000
Maréchaux et serruriers	10	. . . .	180.000
Maîtres d'hôtels et aubergistes. . .	20	. . . .	190.000
Cafetiers.	5	. . . .	40.000
Libraires	1	. . . .	10.000
Boulangers.	12	. . . .	150.000
Bouchers et lardiers.	12	. . . .	270.000
Epiciers.	25	. . . .	350.000
Pâtissiers	1	. . . .	3.000
Pharmaciens	2	. . . .	20.000
Chaudronnerie, ferblant^{rie} et parapl^{es}	2	. . . .	60.000
M^{ds} de fers et quincailliers.	2	. . . .	175.000
Cloutiers.	3	. . . .	25.000
M^{ds} de farine.	4	. . . .	150.000

Total. . . . . . 2.533.000 f

HALLE AUX GRAINS.

Il s'y vend annuellement :

26.000 hectol. froment à 20 ᶠ	520.000 ᶠ
12.000 hectol. autres graines à 9 ᶠ	108.000
	628.000 ᶠ
9.000 hectol. pommes de terre à 4 ᶠ 50	40.500
	668.500 ᶠ
Plantes, épines, pommiers, etc., vente annuelle. .	150.000 ᶠ
Pommes à cidre, 18.000 hectol.	135.000
	285.000 ᶠ

FOIRES DE BRICQUEBEC.

10 foires annuelles.

Il s'y vend annuellement :

Bœufs et vaches. .	9.500, à 350 ᶠ	. . . . .	3.325.000 ᶠ
Moutons.	8.420, à 25.	. . . . .	210.500
Chevaux.	1.050, à 300.	. . . . .	315.000
Porcs.	1.560, à 50.	. . . . .	78.000
Veaux.	1.335, à 60.	. . . . .	80.100
Cochons de lait. .	3.500, à 25.	. . . . .	87.500
		Total. . . .	4.096.100 ᶠ

Nota. — Ces renseignements ont été fournis par des membres de l'administration municipale de Bricquebec. Ils doivent être considérés comme exacts.

RÉSUMÉ

L'étude faite sur le canton de Saint-Malo-de-la-Lande est aussi complète que possible.

Comme il n'était pas donné, pour les autres cantons, faute de temps surtout, de faire un travail aussi complet, j'ai dû, en constatant les produits spéciaux de quelques communes que j'ai visitées, consigner des résultats généraux, en prenant pour base la population et pour terme de comparaison les produits du canton de Saint-Malo-de-la-Lande. Cette manière d'opérer, un peu trop uniforme pour des contrées qui varient, quant à la quantité de leurs produits par hectare, peut bien avoir amené des différences qui pourront être relevées, mais la plupart de ces différences seront en moins et non en plus dans la quantité des produits. Le rendement uniforme de 16 hectolitres par hectare de froment pris pour base, est trop faible assurément pour le canton de Saint-Malo-de-la-Lande et pour quelques parties des autres cantons, mais il est trop fort pour plusieurs autres parties moins fertiles; il représente la vérité pour d'autres parties. Somme toute, et en moyenne, ce chiffre est bon. Cette observation est applicable aux autres céréales et produits divers. La fixation, pour chaque canton, du nombre d'hectares ensemencés et cultivés dans les divers produits agricoles, a été faite sur les bases du canton de Saint-Malo-de-la-Lande. Sur ce point encore, on pourra relever des différences, mais il fallait une base, et dans l'impossibilité d'aller dans chaque commune prendre les renseignements nécessaires, il fallait bien prendre une base uniforme.

Les résultats constatés et consignés pour le commerce local de la Haye-du-Puits, Saint-Sauveur-le-Vicomte, Bricquebec, pour les halles aux grains, ont été fournis par les maires et par les négociants les plus capables et les mieux posés de ces divers centres commerciaux.

Les statistiques des foires de Bricquebec et de la grande foire de Lessay ont été faites sur des renseignements aussi exacts que possible, donnés par les maires et les agents de la perception des droits de terrage.

Ces observations posées, je vais récapituler ici, en poids, les produits agricoles et de toute nature fournis par les cantons dont la statistique précède.

SAVOIR :

Canton de Saint-Malo-de-la-Lande.

TOTAL en poids des produits de ce canton . . . . 33.896.016 ᵏ

Canton de Lessay.

TOTAL en poids des produits de ce canton 37.952.266

Canton de la Haye-du-Puits.

TOTAL en poids des produits de ce canton 40.826.533

· *Canton de Saint-Sauveur-le-Vicomte.*

TOTAL en poids des produits de ce canton 37.692.475

Canton de Bricquebec.

TOTAL en poids des produits de ce canton 26.070.130

TOTAL pour les cinq cantons. 176.437.440 ᵏ

ou un million sept cent soixante-quatre mille trois cent soixante-quatorze quintaux métriques.

Par omission, n'ont pas été compris dans le total ci-dessus, cité par M. l'ingénieur Dubois, les résultats des exploitations annuelles de pierres pour *pavés*, dans plusieurs communes des cantons de la Haye-du-Puits et de Saint-Sauveur-le-Vicomte,

SAVOIR :

Commune de Lithaire.

Exploitation annuelle, 200.000 pavés pesant l'un 18ᵏ, ensemble. 3.600.000 ᵏ

Commune de Varenguebec.

Exploitation annuelle, 75.000 pavés pesant l'un 18ᵏ, ensemble.. 1.350.000

Commune de Besneville.

Exploitation annuelle, 360.000 pavés pesant l'un 18ᵏ, ensemble. 6.480.000

ENSEMBLE. . . 11.430.000 ᵏ

qui, ajoutés au total précité, font ensemble un million huit cent soixante-dix-huit mille six cent soixante-quatorze quintaux métriques.

En outre, on doit également rappeler ici, pour mémoire, que les cantons de la Haye-du-Puits, Saint-Sauveur-le-Vicomte, Bricquebec, Barneville et les Pieux, renferment une grande quantité de carbonate de chaux, exploitée chaque année depuis un temps immémorial, pour l'amendement des terres. On n'extrait cependant que la partie superficielle et on n'a pas atteint le sol sur lequel repose le calcaire. Il est hors de doute que si les carriers trouvaient, par l'établissement d'un chemin de fer, un débouché plus avantageux et plus important pour leurs pierres, ils pousseraient plus avant l'extraction du calcaire qui serait, pour ainsi dire, inépuisable.

Les données manquent pour établir le chiffre de la production annuelle. Seulement, on peut affirmer que le développement du calcaire exploité dans les cantons précités, n'est pas moindre de 12 à 14 kilomètres de longueur sur une largeur moyenne de 2 kilomètres.

On trouve aussi des minerais de fer dans plusieurs parties des cantons de Bricquebec, Barneville et les Pieux. Plusieurs de ces mines ont été exploitées autrefois et il est certain que si l'on faisait de nouvelles fouilles on y trouverait du minerai.

Dans le canton des Pieux, on trouve aussi d'excellent kaolin pour la composition de la porcelaine. On en exporte beaucoup sur Bayeux principalement.

Les diverses industries commerciales, les foires et marchés, donnent des chiffres d'affaires importants; en voici la récapitulation :

CANTON DE SAINT-MALO-DE-LA-LANDE.

Chiffres d'affaires.

Foires	500.000ᶠ	
Verdière	506.000	
Poisson.	500.000	
ENSEMBLE.	1.506.000ᶠ	1.506.000ᶠ

CANTON DE LESSAY.

FOIRE DE LESSAY.

Chiffres d'affaires. 4.362.500

Chiffres d'affaires des cantons de Saint-Mâlo-de-la-Lande et de Lessay,
qui précèdent... 5.868.500ᶠ

CANTON DE LA HAYE-DU-PUITS
Chiffres d'affaires.

Importations par Cherbourg	85.000ᶠ	
Exportations —	14.000	
Commerce local	3.593.000	
Foires diverses	420.000	
Foire-assemblée Saint-Clair	100.000	
Marchés du mercredi	1.231.800	
Fabrique de poterie	50.000	
ENSEMBLE	5.493.800ᶠ	5.493.800

CANTON DE SAINT-SAUVEUR-LE-VICOMTE.
Chiffres d'affaires.

Importations par Cherbourg	60.000ᶠ	
Commerce local	1.469.000	
Foires	300.000	
Marché du samedi	343.000	
Foire de Rauville-la-Place (inconnu).		
ENSEMBLE	2.172.000ᶠ	2.172.000

CANTON DE BRICQUEBEC.
Chiffres d'affaires.

Importations par Cherbourg	30.000ᶠ	
Commerce local	2.553.000	
Halle aux grains	668.500	
Plante-épine, pommiers, etc. :		
Vente annuelle, 150.000ᶠ. } Pommes à cidre, 18.000ʰ 135.000ᶠ. }	285.000	
10 foires annuelles; il s'y vend	4.096.100	
ENSEMBLE	7.632.600ᶠ	7.632.600
TOTAL		21.466.900

L'agglomération des populations, sur le territoire traversé, permet d'espérer, en outre, un grand mouvement de voyageurs. Ce mouvement, par la voie en projet par Coutances, Lessay, etc., s'étendra nécessairement jusque dans quelques cantons de l'arrondissement de Saint-Lo, limitrophes de celui de Coutances. En effet, plusieurs communes des cantons de Marigny et de Canisy se trouveront, à peu de chose près, placées à une égale distance des deux gares de Saint-Lo et de Coutances. Or, les voyageurs partant de ces diverses communes et voulant économiser leur temps et leur argent, iront prendre le chemin de fer à Coutances, au lieu d'aller à St-Lo. Cette observation a la même importance à propos de la circulation des produits agricoles, des cidres notamment et des marchandises provenant des mêmes communes et se dirigeant sur Cherbourg. Mais ce n'est pas tout. La jonction de ces cantons avec Cherbourg par un chemin de fer, facilitera un énorme débouché de leurs riches produits agricoles, tant pour l'exportation que pour l'approvisionnement de la marine et la consommation de Cherbourg et de sa banlieue, dont la population s'élève à soixante mille habitants. L'agglomération toujours croissante de cette population peut augmenter subitement dans des circonstances de besoins exceptionnels, soit de la marine, soit de la guerre.

Mais abstraction faite de ces hypothèses, si l'on considère la seule exportation des produits agricoles par Cherbourg, telle qu'elle existe aujourd'hui, suivant les documents officiels de la douane et de l'octroi, pour 1865, on arrive déjà aux résultats suivants :

Bœufs ou vaches, 1.558 têtes à 600 fr.	934.800ᶠ
Moutons, 7.549 têtes à 45 fr.	339.775
Porcs, 2.165 têtes à 132 fr.	285.780
Viande ou volailles mortes.	121.487
Beurre, 989.702 kil. à 3 fr. le kil.	2.969.106
Salaisons (marine et commerce), 936.916 kil. à 120 fr. °/₀ kil.	1.124.299
Pommes de terre, 1.125.651 kil. à 6 c. le kil.	67.539
Volailles vivantes, 39.345 kil. à 3 fr. le kil.	118.035
Œufs de volailles, 1.585.515 kil. à 75 c. le kil.	1.189.000
Total.	7.149.821ᶠ

Ces mêmes produits agricoles, dans les cinq cantons de Bricquebec, Saint-Sauveur-le-Vicomte, la Haye-du-Puits, Lessay et Saint-Malo-de-la-Lande, peuvent, avec les facilités d'une voie ferrée en ligne directe sur Cherbourg, faire plus que doubler cette exportation, au grand avantage de ces cantons en particulier et du pays en général.

J'ai dû restreindre ce travail aux cantons traversés, mais il n'en est pas moins évident que l'avantage du tracé direct ne se restreint pas seulement à ces cantons entre Cherbourg et Coutances. Les contrées au-delà de cette dernière ville viendront fournir un riche contingent à l'exportation par Cherbourg, à l'alimentation de sa population ouvrière et à l'approvisionnement de l'arsenal. Mais ces avantages incalculables ne peuvent être obtenus qu'à la condition de ne pas surcharger les transports de frais aggravants par l'étrange circuit imaginé pour Saint-Lo, mais au contraire de suivre la voie directe indiquée par la situation topographique du pays. En accordant au chef-lieu du département de la Manche un embranchement sur le chemin de fer de Paris à Cherbourg, l'Etat a fait tout ce qui lui a paru convenable dans l'intérêt départemental et de la communication de Saint-Lo avec Paris, mais il n'a nullement jugé ni préjugé par là la question du tracé du chemin de fer de Brest à Cherbourg, question dont la solution appartient à un tout autre ordre d'idées.

Telles sont, Monsieur le Ministre, les considérations que j'ai cru devoir résumer d'après l'état actuel des études, et qui avaient déjà été signalées en partie à l'attention de Votre Excellence, dans les délibérations de la Chambre de Commerce de Cherbourg des 15 avril 1863, 1er juillet 1865 et 17 novembre 1865.

J'ai l'honneur d'être, avec le plus profond respect,

Monsieur le Ministre,

de Votre Excellence,

le très humble et très obéissant serviteur.

Au nom de la Chambre de Commerce de Cherbourg.

Le Président,

Eugène LIAIS.

CHERBOURG, le 26 août 1866.

A Son Excellence Monsieur le Ministre de l'Agriculture, du Commerce ét des Travaux publics.

Monsieur le Ministre,

Vote des conseils municipaux des communes de la Manche sur la question de savoir si le chemin de fer stratégique devrait faire le circuit par Saint-Lo, ou se diriger en ligne directe de Coutances sur Couville ou Sottevast.

—

Réclamation de la Chambre de Commerce

Les Membres de la Chambre de Commerce de Cherbourg ont l'honneur de vous exposer que le 1er juillet 1865, dans une délibération, ils vous ont exprimé leur profond étonnement en voyant la manière dont la commission d'enquête départementale était composée, pour statuer sur la question du tracé dans le département, du chemin de fer stratégique projeté entre Cherbourg et Brest. Vous le savez déjà, Monsieur le Ministre, Cherbourg n'a aucun représentant dans cette commission, quoique cependant ce soit le point le plus intéressé dans la question.

La Chambre de Commerce s'est vivement émue de cette situation; elle croit dès lors utile de signaler à votre attention et à votre sollicitude, pour les intérêts de l'Etat, qu'une enquête d'un genre nouveau a été ordonnée par l'administration supérieure, et à laquelle tous les conseils municipaux des communes du département ont été conviés, à l'effet d'émettre un vote sur la question de savoir si le chemin de fer stratégique de Cherbourg à Brest devait faire le circuit par Saint-Lo, ou se diriger en droite ligne sur Coutances, en traversant les cantons ouest du département.

Cette enquête, ordonnée par l'administration supérieure, a eu lieu.

La majorité des communes du département, traduite hypothétiquement en votes personnels des habitants, s'est prononcée en faveur du tracé par Saint-Lo et de là à Coutances. Cette application du suffrage universel paraît à la Chambre mal fondé, d'après les motifs ci-après. On a fait une question de nombre d'une question de justice distributive, d'intérêt commercial, et surtout d'un intérêt stratégique du premier ordre, suffisamment expliqués dans les mémoires et délibérations de la Chambre de Commerce, et aussi par les services plus spécialement intéressés à cette grave et importante question. Il y a donc lieu, pour la Chambre, de porter à Votre Excellence de justes réclamations contre cette manière de procéder par voie de suffrage universel départemental, et de lui exposer, de rechef, que le tracé demandé, de Couville ou Sottevast à Coutances, est fondé sur des raisons majeures, spéciales, que ne peut détruire la réponse faite par la majorité dans le suffrage universel du département. Il y a lieu de protester également contre le mode d'information qui a été suivi dans l'arrondissement de Mortain, bien étranger à la question (en ce qui touche ce tracé de Couville à Coutances, par Lessay, il a été consulté et il a répondu, sans doute, comme on devait le prévoir, en faveur du tracé par Saint-Lo).

Bien évidemment, l'enquête n'aurait dû comprendre que les communes traversées et les communes intéressées. C'est ainsi que l'on procède pour le classement des chemins vicinaux, de grande communication et d'intérêt collectif. On obtient alors des réponses qui reproduisent bien les vœux et l'expression des intérêts des communes consultées. Dans cette question, entre deux tracés rivaux, on a interrogé l'universalité des communes du département, les intéressées comme les non intéressées. On peut dire, dès lors, que plus d'un tiers des communes consultées, n'ayant aucun intérêt dans la question, il en est résulté une majorité factice, qui serait présentée à tort comme l'expression des vœux des populations. Si la décision à intervenir était prise en vertu de cette majorité, les cantons de l'ouest et du nord-ouest du département, depuis l'extrémité du cap la Hague jusqu'à Coutances, verraient leurs intérêts sacrifiés et resteraient fatalement en dehors du mouvement d'affaires et de circulation qui aurait lieu entre Cherbourg, Coutances et la Bretagne. Quant à l'intérêt stratégique du pays, qui est tout dans l'adoption de cette ligne, il prime tous les autres intérêts et il sera d'ailleurs parfaitement défendu, à l'occasion, par ses représentants naturels et spéciaux.

Le chemin de fer de Cherbourg à Brest a pour but de relier ces deux arsenaux, de faciliter leurs rapides communications et leurs approvisionnements sur le territoire de la Bretagne. Le circuit par Saint-Lo éloigne Cherbourg de tous les marchés importants, au détriment des intérêts publics et de l'État, qu'il grève à perpétuité de frais de transports inutiles.

La Chambre de Commerce de Cherbourg, qui représente des intérêts considérables, notamment ceux de cette place, qui est le point le plus populeux et le plus difficile à approvisionner du département, croit de son devoir de protester contre la marche de l'instruction, par les motifs ci-dessus exprimés, et qu'elle prend la liberté de soumettre à la haute appréciation de Votre Excellence.

Les membres de la Chambre de Commerce ont l'honneur d'être, avec le plus profond respect,

Monsieur le Ministre,

vos très humbles et très obéissants serviteurs.

Ont signé : Le *Président*, Eugène LIAIS; — LE JOLIS, — L. DUMONT, Ch. SALLEY, — Th. DUHOMMET, *Membres*, — et Ed. MAHIEU, *Membre et Secrétaire*.

———

CHERBOURG, le 19 septembre 1866.

A Son Excellence Monsieur le Ministre de l'Agriculture, du Commerce et des Travaux publics.

Monsieur le Ministre,

Session de 1866.

—

Vote du conseil général de la Manche relatif à l'établissement de chemins de fer départementaux à l'instar de ceux de l'Alsace.

—

Réclamation de la Chambre de Commerce

Les membres de la Chambre de Commerce de Cherbourg ont l'honneur de vous exposer que, dans sa dernière session, le conseil général de la Manche a voté une somme de seize mille francs, à l'effet de faire procéder immédiatement à l'étude d'un chemin de fer départemental, partant de Sottevast et se dirigeant sur Coutances par Bricquebec, Saint-Sauveur-le-Vicomte, la Haye-du-Puits, Lessay, Périers, Saint-Sauveur-Lendelin. Ce vote vient démontrer aujourd'hui de la manière la plus évidente que le conseil général, bien que contraire au tracé essentiellement stratégique, proposé par la Chambre de Commerce, reconnaît implicitement l'utilité de ce chemin, comme satisfaisant aux intérêts agricoles et commerciaux de l'ouest du département.

La proposition qui en a été faite au conseil général est un moyen nouveau de déplacer la question, et n'est en fait qu'une transaction obtenue par une ligue d'intérêts particuliers contraires à l'intérêt général du pays, au point de vue de sa sécurité et de sa prospérité; il en a été ainsi d'ailleurs de toutes les décisions antérieurement prises, décisions qui ont eu pour objet, d'abord d'exclure Cherbourg de la commission d'enquête départementale, ensuite d'avoir, de cette manière, une majorité factice dans les communes du département, en faveur du tracé stratégique détourné par Saint-Lo, pour se rendre à Brest, vote qui a été provoqué auprès des conseils municipaux, intéressés ou non à cette grave question, de direction d'une voie stratégique qui doit traverser le département de la Manche.

La ligne stratégique de Cherbourg à Brest doit ouvrir, par le plus court chemin possible, non seulement une communication rapide entre ces deux grands arsenaux, mais encore, par le réseau déjà existant sur la Bretagne, mettre aussi Cherbourg en communication directe avec Lorient, Nantes, Rochefort, Bordeaux et avec tous les points de la Bretagne, d'où Cherbourg, placé à l'extrémité d'une presqu'île étroite, tire ses approvisionnements. L'Etat comme le commerce, demandent, en effet, à recevoir ses approvisionnements le plus promptement et au plus bas prix possible, tandis qu'ils se trouveront grevés de frais de transport énormes et de retards, si on leur fait faire le tour par Saint-Lo.

Les membres du conseil général qui ont accédé à la proposition faite dans la dernière session veulent, contrairement à la logique la plus naturelle, intervertir les rôles, faire de Saint-Lo un point stratégique pour rayonner sur la Manche, rôle qui ne lui appartient nullement; en effet, cette ville est sans importance, et elle est d'ailleurs située à l'extrémité sud-est du département de la Manche, sur les confins du Calvados.

Veuillez permettre, Monsieur le Ministre, aux membres de la Chambre de Commerce, de prendre acte de ce vote, qui n'est qu'une funeste illusion d'une partie des membres du conseil général de la Manche. Ce conseil, antérieurement à 1866, a conçu le projet poursuivi dans sa dernière session, de couvrir le département de la Manche de chemins de fer pareils à ceux de l'Alsace. Voici le détail de ces chemins en projet ou votés :

VOTES ANTÉRIEURS A 1866.

Chemin de Cherbourg au cap Lévi. . . . .   14 kil.
—   Couville à Diélette.   16
—   Saint-Vaast à Chef-du-Pont.   27
—   Carteret à Carentan.   44
—   Périers à Lessay et Créances.   16
—   Saint-Lo à Coutances et Regnéville.   38
—   Avranches à Brouains.   33
—   —   à Saint-Hilaire-du-Harcouet.   30

Ce dernier est prolongé jusqu'à Passais, ce qui en double la longueur
dans le département   30

Le chemin d'Avranches à Brouains est prolongé jusqu'à Tinchebray,
ce qui ajoute à son tracé dans le département.   6

PROPOSITION ADOPTÉE (session de 1866).

Chemin de Sottevast à Bricquebec.
—   Bricquebec à Saint-Sauveur.
—   Saint-Sauveur à la Haye-du-Puits.
—   la Haye-du-Puits à Lessay.
—   Lessay à Périers.
—   Périers à Saint-Sauveur-Lendelin.
—   Saint-Sauveur-Lendelin à Coutances,

SOIT ENSEMBLE environ.   70

TOTAL GÉNÉRAL. . . . .   324 kil.

Au train dont marche le conseil général de la Manche, il y a plutôt à prévoir des augmentations que des diminutions, pour cet amalgame incohérent de chemins de fer départementaux, sans utilité suffisamment démontrée. Ce dont il y aurait lieu de se préoccuper tout d'abord, ce serait d'une dépense de quarante-huit millions six cent mille francs, ou mieux, en chiffres ronds, cinquante millions.

Le vote d'une pareille somme est, il faut le reconnaître, de beaucoup plus facile que le paiement. Aussi ne serait-on pas quelque peu fondé à croire que ceux des membres du conseil général qui ont provoqué ce vote, ont pensé que si, plus tard, les déshérités du département en réclamaient l'exécution, on aurait, comme fin de non recevoir, à leur opposer cette difficulté de paiement; on le ferait d'autant plus volontiers, qu'alors on aurait obtenu, pour le chef-lieu du département, ce qui est aujourd'hui l'objet de ses vœux.

Le département de la Manche comprend 5.928 kilomètres carrés, et sa population est de 591.421 habitants, soit 99 76/100 habitants par kilomètre carré.

Les départements de l'Alsace, savoir :

1° Le Haut-Rhin comprend 4.107 kilomètres carrés; sa population est de 515.802 habitants, soit 125 54/100 habitants par kilomètre carré;

2° Le Bas-Rhin, qui comprend 4.533 kilomètres carrés et une population de 577.574 habitants, soit 127 36/100 habitants par kilomètre carré.

Ce dernier département n'a construit en 5 ou 6 ans que 79 kilomètres ; on n'est pas fixé sur ce qui a été fait dans le Haut-Rhin.

Les chemins de fer de l'Alsace coûtent 117.000 fr. par kilomètre, mais dans le département de la Manche, qui ne possède ni charbon, ni industrie métallurgique, et qui, en outre, est très accidenté, on est fondé à estimer à 150.000 fr. par kilomètre le prix de revient de chemins de fer pareils à ceux de l'Alsace, où l'agriculture est très perfectionnée et où l'industrie, florissant de temps immémorial, a pris dans ces derniers temps des développements qui placent cette belle province au premier rang des pays manufacturiers.

Le département de la Manche est une contrée essentiellement agricole, qui possède des routes magnifiques, surtout dans la partie favorisée, le sud du département, tandis que le nord en est déshérité; nul ne saurait soutenir que ces routes ne suffisent pas à l'agriculture! Mais il en est bien différemment des chemins de fer, qui n'acquièrent de valeur que par les industries, qui sont très restreintes dans le département de la Manche. Les populations de l'Alsace, riches en industries et produits agricoles des mieux perfectionnés, ont réalisé, les premières en France, l'idée de la construction de chemins de fer à bon marché, qui ne sauraient être adaptés à notre pays. La majorité du conseil général de la Manche va plus loin encore, en demandant que ces chemins deviennent stratégiques, sans s'inquiéter des dépenses premières qui en rendent l'exécution impossible et l'appropriation nulle, dans une contrée qui, réduite à ses ressources agricoles, ne produirait qu'un aliment insuffisant à leur entretien et à leur exploitation.

Si les influences locales, groupées surtout dans le sud du département, réussissaient dans leurs vues économiques, Cherbourg et son arsenal resteraient livrés sans défenses, dans un isolement complet, et il nous faudrait désespérer de l'avenir de notre pays.

Aux influences locales dont nous venons de parler, permettez-nous, Monsieur le Ministre, de vous représenter restrospectivement, combien aussi celles de la compagnie du chemin de fer ont été funestes à notre contrée, par sa fausse manière de voir, d'envisager l'allongement des distances comme un moyen pour elle de réaliser des profits.

Lorsqu'en 1855 la Chambre eut à s'occuper du tracé primitif de la ligne se dirigeant sur Paris, qui avait été projeté par Martinvast, Baudretot, Sottevast et Valognes, elle exposa que la distance entre Cherbourg et Valognes, qui était de 20 kilomètres, allait être allongée de 10 kilomètres ; grande fut la surprise des habitants du pays, qui ne s'expliquaient pas pourquoi l'on ne suivait pas l'ancienne route de Cherbourg à Valognes, dans la plaine de Tourlaville, à la Verrerie, et se dirigeant à l'est de la montagne du Roule, en suivant les plaines à peu près successives jusqu'à Valognes. Cette route se trouve sur toutes les cartes; une voie romaine suivait aussi cette direction vers l'est. Après avoir traversé les vallées aboutissant à Alleaume, d'où l'on pouvait poursuivre sur la gauche de la route impériale, on ne se serait pas égaré dans les marais d'Amfreville, imprudence fâcheuse de la compagnie, que la sagesse des ingénieurs français avait voulu éviter dans un premier projet élaboré. Cette imprudence a été suivie de bien d'autres, ce que viennent nous révéler tous les jours les dégradations subies dans les travaux d'art que la compagnie des chemins de fer de l'Ouest a fait exécuter par des compagnies anglaises, que guidait seulement l'esprit de spéculation et qui faisaient bon marché de la sécurité et de la prospérité du pays. Ces faits, bien connus, sont cause aujourd'hui de la rareté des voyageurs et du manque d'aliment des transports entre Cherbourg et Valognes.

Veuillez excuser ce court historique du chemin de fer déjà existant, dans sa traversée sur les arrondissements de Cherbourg et Valognes. Nous joignons ici une copie des observations de la Chambre de Commerce du 4 juillet 1855 (page 5). Il était nécessaire de vous retracer les fautes commises à la connaissance de tous, afin de tâcher de les éviter dans l'avenir.

Une situation analogue se présente aujourd'hui pour les importantes communications de Cherbourg avec la Bretagne; il s'agit de réparer, autant que possible, de grandes erreurs commises : le droit, la justice et l'équité demandent d'une manière absolue que la ligne stratégique de Cherbourg à Brest, dans sa traversée sur le département de la Manche, passe par Sottevast, Bricquebec, Saint-Sauveur-le-Vicomte, la Haye-du-Puits, Lessay, Montsurvent et Coutances, conformément aux études faites et que nous avons eu l'honneur d'adresser à Votre Excellence le 20 juin dernier.

Aussi, conservons-nous l'espoir que ce projet, mûrement étudié, obtiendra l'appui de votre sollicitude éclairée pour les intérêts généraux du pays, et qu'il sera préféré à tous autres, quelles que soient les influences locales qui puissent se produire.

> Les membres de la Chambre de Commerce ont l'honneur d'être,
> avec le plus profond respect,
>
> Monsieur le Ministre,
>
> vos très humbles et très obéissants serviteurs.

Ont signé : Eugène LIAIS, *Président*; — LE JOLIS, — L. DUMONT, — Ch. SALLEY, — Th. DUHOMMET, — Ed. MAHIEU — et BITOUZÉ, *Membres*.

CHERBOURG, le 17 octobre 1866.

A Son Excellence Monsieur le Ministre de l'Agriculture, du Commerce et des Travaux publics.

Monsieur le Ministre,

Chemin de fer local
de
Carteret à Carentan.

—

Voies et moyens votés
par le conseil général
de la Manche, pour
son exécution.

Réclamation
de la
Chambre de Commerce

Les membres de la Chambre de Commerce de Cherbourg ont l'honneur de vous exposer que jusqu'ici ils n'ont eu aucune connaissance des décisions prises par le conseil général de la Manche, ainsi que des arrêtés préfectoraux relatifs à l'exécution et à l'exploitation d'un chemin de fer départemental, devant relier Carteret à Carentan. Ces décisions nous sont révélées par le rapport de M. le préfet de la Manche au conseil général, dans sa session de 1866, qui vient d'être publié.

Ce rapport nous fait connaître en même temps votre dépêche à M. le préfet de la Manche, du 22 septembre 1865, de laquelle il résulte que ce chemin n'a point été déclaré d'utilité publique et que dès lors il ne pouvait y avoir lieu, quant à présent, d'indiquer le chiffre de la subvention de l'État pour ce chemin d'intérêt local. Dans cette conjoncture, la Chambre de Commerce de Cherbourg croit de son devoir de soumettre à Votre Excellence quelques observations à l'égard de cette voie de communication, dont l'objet spécial est de diriger sur l'île de Jersey les produits agricoles du Cotentin. Aujourd'hui ces produits s'expédient par les ports de Saint-Germain-sur-Ay, Portbail, Diélette, Omonville et Cherbourg; ils y sont transportés à des prix de fret excessivement bas.

Indépendamment de Jersey, les mêmes ports et celui de Carentan, acheminent très facilement ces mêmes produits sur les îles Anglo-Normandes et sur les principaux marchés de l'Angleterre. La création d'un chemin de fer local entre Carteret et Carentan aurait pour but de détourner, au profit de Carteret seul, ce commerce d'exportation qui se fait aujourd'hui par plusieurs points commodément appropriés dans le ressort de la Chambre de Commerce. Ce détournement des produits du Cotentin, par d'autres voies que celles usuelles, aurait lieu sans aucun avantage pour le commerce général, puisque notre département jouit des plus grandes facilités de communication avec l'Angleterre, et qu'il est infiniment préférable d'améliorer l'exportation par les voies existantes plutôt que d'en créer une nouvelle pour leur barrer le passage. A un autre point de vue, la création de ce chemin de fer ne pourrait avoir aucun avenir; il traverserait une zone qui ne peut offrir aucun trafic capable d'alimenter un chemin de fer; l'île de Jersey suffit généralement à ses besoins : l'excédant qu'elle tire de France se trouve exporté de seconde main en Angleterre, et nous n'avons aucun intérêt à faire de Jersey un lieu de transit qui ne serait même pas accepté par le commerce, qui a bien plus d'avantages à acheminer sur Londres directement les produits agricoles français.

Cette absence évidente de profits en perspective, est la cause du silence de la compagnie anglaise mentionné dans le rapport de M. le préfet, laquelle avait proposé originairement ce chemin; cette compagnie ne donne plus aujourd'hui signe de vie, comme dit M. le préfet, dans son rapport précité fait à la session du conseil général en 1866, et il résulte de là une nouvelle preuve que ce chemin de fer projeté et voté à la demande de cette compagnie, ne répond à aucun intérêt sérieux autre que celui de quelques propriétaires. L'intérêt général est complétement étranger à ce projet, de pure fantaisie, qu'il serait bien plus rationnel d'abandonner que de l'offrir en appât à des spéculateurs hasardeux qui ne réaliseraient pas leurs engagements; cela n'est pas d'ailleurs le moyen d'encourager en France l'esprit d'entreprise, que d'accorder des concessions de travaux à un étranger inconnu, qui se rit impunément de ses obligations souscrites en France, d'autant qu'il laisse, sous le rapport des garanties, aussi bien pécuniaires que morales, l'administration complétement désarmée. Cependant, pour assurer le succès d'une entreprise, y donner la consistance qu'exige un appel aux capitaux, c'est d'abord de l'entourer des garanties dont ici on constate l'absence, et ensuite de la présenter au public appuyée d'études aussi consciencieuses qu'approfondies, de manière à ce que l'on puisse se rendre un compte exact du but comme de l'utilité de l'entreprise et de la rémunération probable qu'elle est susceptible de donner aux capitaux que réclame son exécution. Ces conditions sont essentielles si l'on veut grouper autour de soi des capitalistes sérieux. Il faut en effet leur offrir des affaires qui soient bonnes, françaises surtout, et qui desservent en même temps l'intérêt général du pays et l'intérêt particulier de la

compagnie qui a sollicité leurs capitaux. Si notre contrée ne jouit pas aujour-
d'hui d'un réseau convenable de chemins de fer, il y sera suppléé sans qu'il soit
nécessaire de recourir à des sociétés étrangères, et d'exécuter des voies dont les
résultats sont plus que problématiques. En effet, toute satisfaction sera donnée
au commerce général du département par l'exécution du chemin de fer projeté de
Brest à Cherbourg, si le parcours direct de cette dernière ville à Coutances est
adopté, conformément aux études faites et qui ont été adressées à Votre Excellence le 20 juin dernier. La Chambre de Commerce croit avoir démontré dans ses
délibérations précédentes les avantages réels que présente le parcours direct, en ce
sens qu'il met en communication, non-seulement tous les ports de l'ouest, mais
encore le midi du département, ainsi que la Bretagne. Or, dans l'état de viabilité où se trouvera le département de la Manche, la ligne de Carteret à Carentan,
aussi bien que toutes autres semblables, ne saurait qu'être funeste aux capitaux engagés, nuisibles à l'agriculture et au commerce, et être ainsi un mauvais
emploi des ressources du pays.

Les membres de la Chambre de Commerce ont l'honneur d'être,

avec le plus profond respect,

Monsieur le Ministre,

vos très humbles et très obéissants serviteurs.

Ont signé : — Eugène LIAIS, *Président;* — L. DUMONT, — LE JOLIS, —
Ch. SALLEY, — Ed. MAHIEU, — Th. DUHOMMET —
et BITOUZÉ, *Membres.*

TABLE DES MATIÈRES

Viabilité dans l'arrondissement de Cherbourg, avant et depuis l'exécution du chemin de fer.. 3

1re Réclamation du 4 juillet 1855, sur l'étude du tracé du chemin de fer de Paris à Cherbourg, dans sa partie entre cette dernière ville et Valognes........... 5

2e Réclamation du 26 février 1857, contre le tracé du chemin de fer, entre Cherbourg et Valognes... 8

Observation sur le projet d'un chemin de fer ou ligne côtière stratégique et commerciale, de Cherbourg à Brest (15 juillet 1863)........................ 10

Enquête ouverte à l'occasion du chemin de fer stratégique qui doit relier Cherbourg à Brest (1er juillet 1865)... 20

Nécessité d'études pour un tracé partant de Couville et se rendant en ligne directe à Coutances (17 novembre 1865)... 23

Etudes sur le tracé partant de Couville ou Sottevast, passant par Bricquebec, Saint-Sauveur-le-Vicomte, la Haye-du-Puits, Lessay, Montsurvent et Coutances (20 juin 1866)... 37

Renseignements statistiques des productions agricoles, marines, industrielles et commerciales, dans les cantons de Saint-Malo-de-la-Lande, Lessay, la Haye-du-Puits, Saint-Sauveur-le-Vicomte et Bricquebec........................ 54

Vote des conseils municipaux des communes de la Manche, sur la question de savoir si le chemin de fer stratégique devrait faire le circuit par Saint-Lo, ou se diriger en ligne directe de Coutances sur Couville ou Sottevast. (Réclamation de la Chambre du 26 août 1866.. 66

Vote du conseil général de la Manche, relatif à l'établissement de chemins de fer départementaux à l'instar de ceux de l'Alsace. (Réclamation de la Chambre du 19 septembre 1866)... 88

Voies et moyens votés par le conseil général de la Manche, pour l'exécution d'un chemin de fer de Carteret à Carentan. (Réclamation de la Chambre du 17 octobre 1866)... 94

CHERBOURG. — IMPRIMERIE AUGUSTE MOUCHEL, PLACE DU CHATEAU.

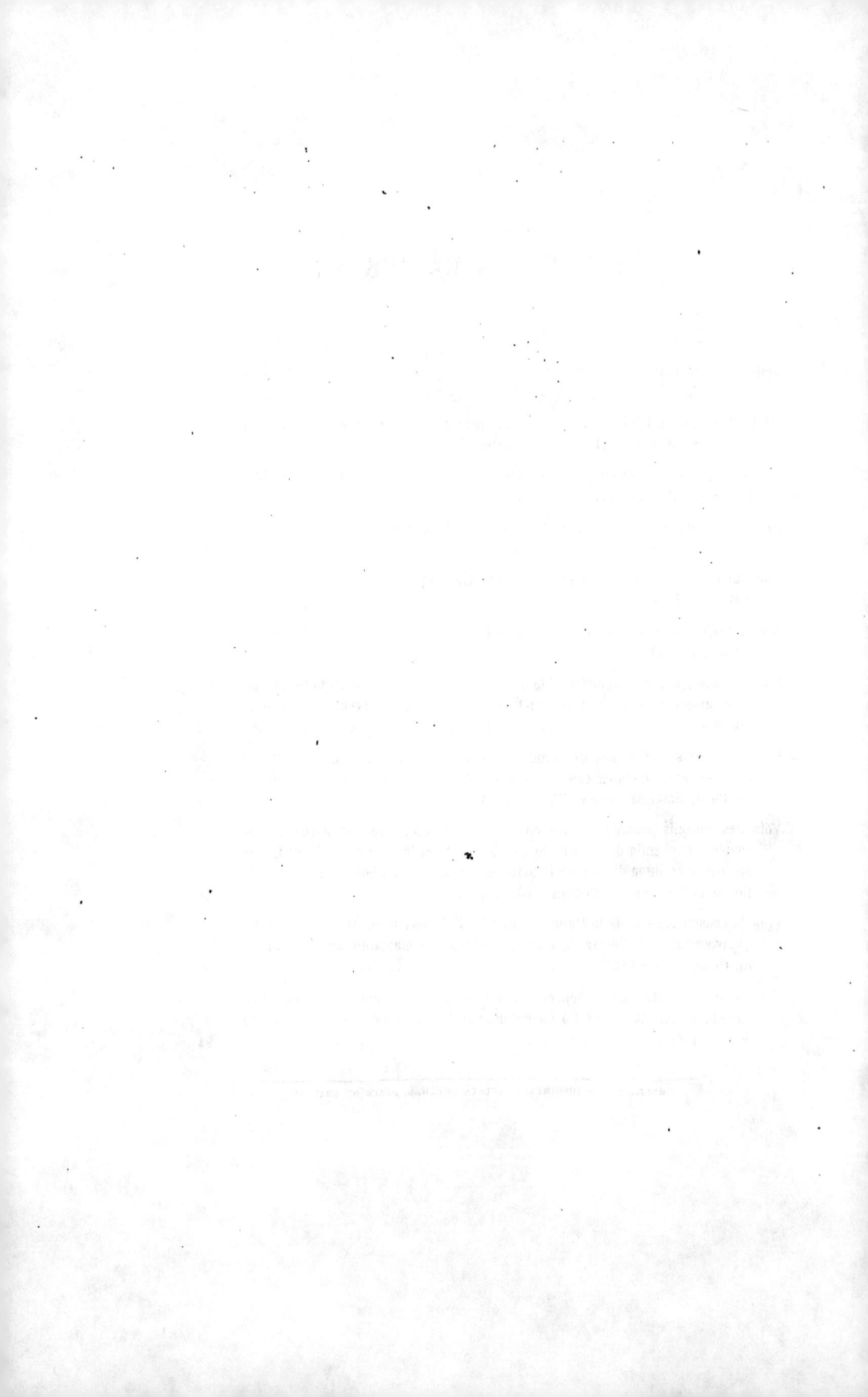

www.ingramcontent.com/pod-product-compliance
Lightning Source LLC
Chambersburg PA
CBHW071107210326
41519CB00020B/6198